Christine Öttl / Gitte Härter

ZWEITE CHANCE TRAUMJOB

Christine Öttl / Gitte Härter

ZWEITE CHANCE TRAUMJOB

Mehr Erfolg durch berufliche Neuorientierung

REDLINE | VERLAG

Bibliografische Information der Deutschen Nationalbibliothek:
Die Deutsche Nationalbibliothek verzeichnet diese Publikation in der Deutschen Nationalbibliografie; detaillierte bibliografische Daten sind im Internet über **http://d-nb.de** abrufbar.

Für Fragen und Anregungen:
info@redline-verlag.de

3. Auflage 2015

Nymphenburger Straße 86
D-80636 München
Tel.: 089 651285-0
Fax: 089 652096

Satz: Manfred Zech, Landsberg am Lech
Druck: Books on Demand GmbH, Norderstedt
Printed in Germany

ISBN Print 978-3-86881-565-8
ISBN E-Book (PDF) 978-3-86414-713-5
ISBN E-Book (EPUB, Mobi) 978-3-86414-714-2

Weitere Informationen zum Verlag finden Sie unter

www.redline-verlag.de

Beachten Sie auch unsere weiteren Verlage unter
www.muenchner-verlagsgruppe.de

Inhalt

Anmerkung

Um das Arbeiten mit diesem Buch für Sie möglichst einfach und effizient zu gestalten, haben wir wichtige Textpassagen mit folgenden Icons gekennzeichnet:

Achtung, wichtig

Aufgabe, Übung

Das sollten Sie auf jeden Fall vermeiden.

Beispiel

Tipp

Vorwort

Viele Menschen wünschen sich den Traumjob herbei: zufrieden und vom Job ausgefüllt sein und jeden Morgen gern und mit Elan zur Arbeit gehen!
Und genau an dieser Stelle bleiben die meisten stecken und kommen aus eigener Kraft nicht weiter – weil sie nie für sich konkretisiert haben, was sie unter ihrem Traumjob verstehen. Weil sie genau wissen, was sie möchten, aber keine Ahnung haben, wie sie es erreichen können, oder nicht den Mut für den entscheidenden Schritt aufbringen.
Eine große Gruppe hat den Traumjob bereits – weiß es nur nicht.
Das Erreichen beruflicher Ziele hat viel mit Willensstärke und Selbstbewusstsein zu tun. Befürchtungen und Hindernisse stellen sich einem in den Weg – manchmal nur im Kopf.
Zweite Chance Traumjob fungiert als Guide durch den eigenen Ziele-Dschungel: Es ist ein Ratgeber für alle, die sich umorientieren oder den nächsten Karriereschritt machen möchten. Das Buch spannt den Bogen von „Welcher ist eigentlich mein Traumjob?“ bis hin zu „Wie gehe ich's an?“. Neben vielen Tipps und Hinweisen, um das Ziel zu erreichen, gehen wir auch auf mögliche Stolpersteine/Ängste ein und wie man konstruktiv mit ihnen umgeht.

Viel Erfolg!
Christine Öttl + Gitte Härter
objektiv@selbstmarketing.de

1 Traumjob & Realität

Stichwort „Traumjob"

Seit einigen Jahren taucht der Begriff Traumjob immer häufiger auf und immer mehr Menschen beschäftigen sich damit, wie sie mehr Erfüllung und Zufriedenheit aus ihrer Arbeit schöpfen können. Das ist kein Zufall: Die Arbeitswelt hat sich stark verändert und wandelt sich weiterhin. Während der berufliche Werdegang noch bis vor nicht allzu langer Zeit ganz klar vorgegeben war und man den einmal gewählten Beruf früher nicht selten ein Leben lang ausübte, sieht das heute ganz anders aus. Ob in absehbarer Zukunft – wie häufig prognostiziert – jeder im Laufe seines Lebens nicht nur das Unternehmen mehrmals wechseln, sondern sogar zwei- bis dreimal einen ganz neuen Beruf ergreifen wird, lässt sich schwer voraussagen. Dass die Arbeitswelt aber viel flexibler geworden ist und Möglichkeiten bietet, die es früher schlicht und einfach nicht gab, ist offensichtlich.

Die Arbeitswelt ist viel flexibler geworden und bietet neue Möglichkeiten.

- → Man muss heutzutage nicht mehr ein Leben lang in dem Beruf bleiben, den man einmal erlernt hat. Zum einen gibt es in vielen Unternehmen Chancen, das eigene Aufgabenfeld zu erweitern oder zu verändern und intern voranzukommen. Zum anderen besteht die Möglichkeit, komplett umzusatteln und in einem ganz anderen Bereich tätig zu werden – sei es als Angestellter, als freier Mitarbeiter oder als Selbstständiger.
- → Fachliche Kompetenz, geradliniger Lebenslauf und gute Noten sind nicht mehr die einzigen Kriterien, nach denen

Bewerber ausgewählt und eingestellt werden. Gerade in den letzten Jahren, im Zuge der vielen unternehmensinternen Umstrukturierungen und Veränderungen, hat sich gezeigt, wie unmittelbar sich Engagement, Loyalität und Motivation der Mitarbeiter auf den Unternehmenserfolg auswirken – und dass hohe fachliche Kompetenz alleine keine Garantie für gute Leistungen und die erfolgreiche Integration in ein bestehendes Team sind. Aus diesem Grunde achten Unternehmen immer stärker auf die persönlichen Kompetenzen der Bewerber.

Wichtig für Firmen: Engagement, Loyalität und Motivation

- → Es entstehen laufend neue Berufe und Aufgabenfelder – beispielsweise in den Bereichen Technologie und Medien – und damit neue Perspektiven.

Die gute Nachricht lautet: Sie müssen einem ungeliebten Job oder Unternehmen nicht ewig treu bleiben, nur weil Sie sich einmal dafür entschieden haben. Es ist nie zu spät, sich umzuorientieren und Kurs auf den eigenen Traumjob zu nehmen.

Wer seinen Traumjob sucht, braucht zunächst klare Vorstellungen.

Die schlechte Nachricht ist: Der Traumjob fällt einem selten einfach in den Schoß. Sie müssen erstens ganz klare Vorstellungen davon haben, was Sie wollen, was Sie können und was Sie zu investieren bereit sind. Und dann heißt es zweitens, sich ins Zeug zu legen und seine Ziele aktiv anzupeilen. Wie Sie vorgehen können und worauf Sie achten sollten, darum geht es in diesem Buch.

Viele Menschen sind unzufrieden mit dem, was sie Tag für Tag tun. Viele träumen und reden immer wieder davon, etwas ganz anderes zu machen und „sich selbst zu verwirklichen". Sehen wir uns dieses Träumen vom idealen Job etwas genauer an:

- → *Der Traumjob ist definiert, aber man sitzt fest.*
  Manche Menschen wissen zwar ziemlich genau, was ihnen wichtig ist und wo sie hin möchten, aber sie bringen nicht die nötige Energie auf, um die Dinge anzupacken.
- → *Die Vorstellungen vom Traumjob sind schwammig.*
  Viele Menschen möchten etwas anderes machen, haben

aber keine konkreten Vorstellungen davon, was ihnen wirklich liegt und in welche Richtung sie gehen möchten.

→ *Der Traumjob ist einfach unrealistisch.*
Manche streben etwas an, das es in dieser Form gar nicht geben kann, beispielsweise halb so viel arbeiten und gleichzeitig doppelt so viel verdienen, plus Arbeitsplatzsicherheit und flexible Arbeitszeiten. Es ist kaum verwunderlich, dass die Suche nach dieser Art von Traumjob ziemlich aussichtslos ist.

Lassen Sie sich nicht vom Motto „Alles oder nichts" verführen! Die Wahrscheinlichkeit, dass Sie Abstriche machen und Kompromisse schließen und sich Ihr Traumjob nicht in reinster Form verwirklichen lassen wird, ist ziemlich hoch. Es wäre schade, wenn Sie sich entmutigen lassen und letztendlich gar nichts tun, nur weil Sie sich zu viel vorgenommen haben. Seien Sie flexibel und arbeiten Sie immer zwei Varianten aus: Plan A und Plan B. Plan A ist die Idealvorstellung und Plan B die Alternative dazu. Vielleicht träumen Sie davon, Sport zu unterrichten. Wenn Sie berufstätig sind und es sich nicht leisten können, das entsprechende Hochschulstudium zu absolvieren (das wäre Plan A), sollten Sie nicht die Flinte ins Korn werfen, sondern nach Alternativen suchen. Sie könnten zum Beispiel eine Trainerausbildung machen, die wesentlich weniger Zeit in Anspruch nimmt und auch neben dem Beruf machbar ist – und anschließend in einem Fitness-Studio arbeiten.

Nehmen Sie sich nicht zu viel vor – sonst geben Sie möglicherweise bald wieder auf!

→ *Der Traumjob ist und bleibt ein Traum.*
Man muss doch träumen können, heißt es. Ja, es kann vollkommen in Ordnung und sogar sehr bereichernd sein, die Fantasie spielen zu lassen und sich auszumalen, wie etwas anderes sein könnte. Voraussetzung dafür, dieses Gedankenspiel zu genießen und sogar Kraft daraus zu schöpfen,

ist das Bewusstsein, dass es sich um Fantasien handelt und nicht um etwas, das man umsetzen möchte und kann. Schwierig wird es dann, wenn jemand seinen Träumen nachhängt und dabei die Wirklichkeit aus den Augen verliert, sprich: passiv wird, die eigenen, tatsächlich vorhandenen Möglichkeiten nicht ausschöpft und frustriert ist, weil Traum und Wirklichkeit so weit auseinander klaffen.

Der Wunschberuf sollte kein Fluchtweg sein.

→ *Der Traumjob ist eigentlich ein Ablenkungsmanöver.*
Manche Menschen sind unzufrieden mit ihrer Arbeit – und flüchten sich in Vorstellungen und Gespräche darüber, wie schön alles sein könnte. Anstatt die Dinge aktiv in die Hand zu nehmen und die eigenen Handlungsspielräume auszuschöpfen, um die Situation für sich zu verbessern.

Überprüfen Sie, ob Ihre Vorstellungen vom Traumjob noch aktuell sind und Ihren jetzigen Wünschen und Erwartungen entsprechen. Vielleicht haben Sie schon immer davon geträumt, im Bereich Marketing zu arbeiten, und bilden sich deshalb nebenberuflich weiter. Vielleicht kristallisiert sich aber im Laufe der Zeit heraus, dass Ihre Interessen und Vorlieben ganz woanders liegen. Beschäftigen Sie sich mit sich selbst und korrigieren Sie den Kurs, wenn es sinnvoll ist. Wie viele andere Dinge können sich auch die Vorstellungen vom Traumjob verändern.

!

Hindernisse und Barrieren

Es ist sehr schön, wenn man Träume Wirklichkeit werden lässt. Das heißt aber keinesfalls, dass es leicht ist. Selbst wenn man ganz klare Vorstellungen vom Traumjob hat und motiviert ist, auf die eigenen Ziele aktiv hinzuarbeiten, kann es trotzdem sehr schwer werden. Hier einige Beispiele dafür, welche Hindernisse und Schwierigkeiten auftauchen können:

Der Weg zum Ziel ist nicht immer einfach.

- *Geld*
  Ein Kurswechsel kann mit finanziellen Abstrichen oder Unsicherheiten verbunden sein. Es kann sein, dass man im angestrebten Beruf prinzipiell weniger verdient oder als Quereinsteiger und Anfänger niedriger einsteigt. Es kann sein, dass man die Arbeitszeit reduziert und sich nebenberuflich fortbildet, was sowohl Gehaltsabstriche als auch zusätzliche Ausgaben für das Studium mit sich bringt.
- *Ausbildung*
  Es kann sein, dass Voraussetzung für den Traumjob bestimmte Qualifikationen sind, die man erst erwerben müsste. Da man viel Selbstdisziplin, Energie und Zeit für eine nebenberufliche Weiterbildung aufbringen muss, kann das ein großes Hindernis sein.
- *Bedenken anderer*
  Wenn man seine Fühler ausstreckt, um sich neu zu orientieren, und sich seiner Sache selbst nicht ganz sicher ist, lässt man sich leicht durch negative Kommentare aus dem Konzept bringen. Gehen Sie nicht davon aus, dass alle anderen Ihren Enthusiasmus teilen oder gar Ihre eigenen Bedenken aus dem Weg räumen.
- *Innere Barrieren*
  Nicht selten stehen sich Menschen bei der Verwirklichung ihrer Ziele selbst im Wege. Weil Selbstzweifel hochkommen und man doch nicht so ganz davon überzeugt ist, es schaffen zu können. Weil man doch „eigentlich" dort, wo man ist, ganz gut zurechtkommt. Weil die Angst vor dem Unbekannten und davor, sich vielleicht falsch zu entscheiden und etwas zu verlieren, das man schon hat, groß ist.

Nicht selten steht man sich selbst im Weg.

Wie sieht mein Traumjob überhaupt aus?

Beim Stichwort Traumjob denken viele sofort an die Welt von Film und Fernsehen, an Tätigkeiten, die mit Einfluss und hohen Verdienstmöglichkeiten zusammenhängen, kurz: an die Berufe, die in den Medien sehr präsent sind und dort als attraktiv dargestellt werden. Doch der Traumjob, über den wir hier mit Ihnen sprechen, hat nichts mit Glitzerwelten und reinen Äußerlichkeiten zu tun: Hier geht es um Sie und um Ihren ganz persönlichen Traum, den Job also, der Ihren Fähigkeiten und speziellen Vorlieben entspricht, in dem Sie sich entfalten und das erreichen können, was für Sie berufliche Erfüllung bedeutet. Es geht um Ihren Traumjob, nicht den Ihrer Eltern und Bekannten oder das, was im Sinne des Zeitgeistes als erstrebenswert gilt.

Traumjob hat nichts mit Glitzerwelten und reinen Äußerlichkeiten zu tun.

Es passiert selten, dass einem der Traumjob einfach so in den Schoß fällt – und die Leute, bei denen das der Fall zu sein scheint, haben in der Regel einiges dafür getan. Vielversprechender als auf eine glückliche Schicksalsfügung zu warten und zu hoffen ist, die Dinge selbst in die Hand zu nehmen und sich aktiv um den eigenen Weg zu kümmern. Das kostet Zeit und Energie: Sie müssen sich selbst sehr gut kennen (lernen), sich Ihre Wünsche, Voraussetzungen und Ziele bewusst machen und auf dieser Grundlage dann aktiv werden.

Wenn Menschen sich umorientieren und etwas Neues suchen wollen, haben sie häufig nur ganz vage Vorstellungen davon, in welche Richtung es gehen könnte. Spaß soll der Job machen, man will sich ausleben und Möglichkeiten haben, sich zu entwickeln und weiterzukommen. Damit der Traumjob Gestalt annehmen und man gezielt auf die Verwirklichung hinarbeiten kann, darf man sich natürlich nicht mit solchen allgemeinen Aussagen zufrieden geben. Es ist wichtig, dass Sie möglichst klare Vorstellungen davon haben, worauf es Ihnen

Vom allgemeinen Wunsch zum konkreten Ziel

im Berufsleben ankommt und aus welchen Komponenten sich Ihr persönlicher Traumjob zusammensetzen sollte.
In diesem Kapitel geht es darum, dass Sie sich bewusst machen,

→ wann Sie Spaß an der Arbeit haben,
→ was „sich ausleben“ für Sie bedeutet,
→ was Sie unter Weiterentwicklung verstehen.

Spaß an der Arbeit

Spaß und Freude an der eigenen Aufgabe ist das, was die meisten Menschen mit dem Begriff Traumjob assoziieren und sofort ins Spiel bringen, wenn es um dieses Thema geht. „Ich möchte gerne zur Arbeit gehen und etwas tun, das mir wirklich Spaß macht!“, sagen viele. Kein Zweifel: Je lieber wir unsere Arbeit machen, umso besser und produktiver sind wir – und umso erfüllter fühlen wir uns. Doch was genau versteckt sich hinter dem Begriff Spaß? Welche Bedingungen müssen erfüllt sein, damit Spaß und Freude an der Arbeit aufkommen?
Darauf gibt es keine pauschale Antwort. Denn jeder muss für sich herausfinden und sich darüber klar werden, was Spaß und Freude für ihn ganz persönlich bedeuten. Die Geschmäcker und Bedürfnisse sind sehr unterschiedlich, und was für den einen Erfüllung bedeutet, kann für den anderen das genaue Gegenteil sein. Ein gutes Beispiel sind Verwaltungstätigkeiten: Es gibt Menschen, die diese Art von Aufgaben sehr gerne machen und eine große Befriedigung daraus ziehen. Andere haben eine regelrechte Abscheu davor, wenn sie sich allzu sehr damit beschäftigen müssen.

Was für den einen Erfüllung bedeutet, ist für den anderen das genaue Gegenteil.

Lernen Sie sich selbst kennen und finden Sie heraus, was Sie mit Spaß und Freude an der Arbeit verbinden. Je klarer Ihre Vorstellungen davon sind, desto gezielter können Sie sich auf die Suche nach Ihrem Traumjob machen.

Gehen Sie Ihren bisherigen Werdegang gedanklich durch und beschäftigen Sie sich intensiv mit dem, was Sie bereits gemacht haben. Listen Sie alle Tätigkeiten auf, an die Sie mit Spaß und Elan herangehen oder herangegangen sind:

- ➔ Welche Tätigkeiten haben Ihnen in früheren Berufen Freude bereitet? Welche Ihrer derzeitigen Aufgaben machen Sie wirklich gerne?
- ➔ Welche Tätigkeiten gefallen Ihnen generell gut? Sicherlich gibt es welche, die Sie nur im privaten Rahmen oder als Hobby ausüben. Nehmen Sie auch diese in Ihre Liste auf.
- ➔ Warum genau haben Sie Spaß an diesen Tätigkeiten? Was ist das Besondere daran?
- ➔ Nicht immer sind es die Tätigkeiten selbst, die den Ausschlag dafür geben, ob wir Freude an einer Sache haben. Überlegen Sie auch, was Ihnen darüber hinaus wichtig ist: Vielleicht macht Ihnen eine Arbeit dann Spaß, wenn Sie anderen Menschen helfen können, wenn Sie verzwickte Probleme zu lösen haben etc.
- ➔ Wann fühlen Sie sich so richtig in Ihrem Element? Wie äußert sich das? Wie geht es Ihnen dabei?

Stellen Sie sich Ihre Wunschtätigkeit genau vor.

Gehen Sie bei Ihren Antworten möglichst tief ins Detail. Führen Sie sich die jeweilige Tätigkeit vor Augen, vergessen Sie auch kleine Handlungen nicht. Denken Sie beispielsweise auch an Aufgaben, die Sie nur projektbezogen übernommen haben. Schreiben Sie ganz konkret auf, wie eine Arbeit abläuft.

Ob wir mit Freude und Spaß bei der Sache sind, hängt allerdings keineswegs nur von den Arbeitsinhalten an sich ab. Sie können das ideale Aufgabengebiet haben: Wenn aber beispielsweise das Umfeld für Ihren Geschmack zu hektisch ist oder Sie sich unterfordert fühlen, stellt das alle positiven Gefühle in den Schatten. Es gibt eine ganze Reihe von Dingen, die Sie sich intensiv durch den Kopf gehen lassen sollten. Hier einige Beispiele, was damit gemeint ist:

Abwechslung und Routine

Der Begriff, der neben „Spaß" am häufigsten fällt, wenn es um das Thema Traumjob geht, ist „Abwechslung". Damit können ganz unterschiedliche Dinge gemeint sein: Für den einen bedeutet es, dauernd auf Achse zu sein und viel zu reisen. Für den anderen heißt Abwechslung, immer wieder an neuen Projekten mitzuarbeiten. Der Nächste meint damit, nicht den ganzen Tag lang das Gleiche zu tun, sondern mehrere feste Aufgaben zu haben und diese abwechselnd zu erledigen. Machen Sie sich Gedanken darüber, wie wichtig Abwechslung für Sie ist und was das genau für Sie bedeutet.

Wenn in den Medien über Traumjobs berichtet wird, dann oft und gerne mit dem Tenor, dass immer etwas Neues passiert und es keine langweiligen, weil immer gleichen Abläufe gibt. Doch jeder Job bringt Routine mit sich, wenn auch verschiedener Art und in unterschiedlichem Ausmaß. Bei administrativen Aufgaben wie zum Beispiel Buchhaltung oder Sachbearbeitung liegt es auf der Hand, dass Routinearbeiten einen breiten Raum einnehmen. In anderen Berufen sind sie nicht so offensichtlich. Doch wenn man als Geschäftsführer Tag für Tag zum Business Lunch geladen wird, ist auch das bald Routine.

Jeder Beruf bringt auch Routine mit sich.

Häufig hat das allgemein verbreitete Bild eines Berufes nicht viel mit der Wirklichkeit zu tun beziehungsweise bestimmte Aspekte werden unter den Tisch gekehrt. Als Vorgesetzter mit Personalverantwortung oder als Projektleiter hat man eine Vielzahl administrativer und organisatorischer Aufgaben, die nicht unbedingt sehr spannend sind. Wer selbstständig ist, ist nicht nur sein eigener Herr, sondern muss auch alles selbst erledigen – oder gegebenenfalls outsourcen.

Wie sieht der Arbeitsalltag in Ihrem Traumberuf aus?

Deshalb sollten Sie zum einen Ihre Erwartungen und Vorlieben kennen und zum anderen möglichst viel darüber in Erfahrung bringen, wie der Arbeitsalltag in Ihrem Traumjob tatsächlich abläuft. Wenn nämlich das Verhältnis zwischen Abwechslung und Routine nicht zu Ihnen passt, schmilzt die Freude an der Arbeit ziemlich schnell dahin.

Machen Sie sich einmal konkrete Gedanken zu den Themen „Routine und Abwechslung“:

- → Was bedeutet Routine für Sie? Wie lautet Ihre persönliche Definition?
- → Wie stehen Sie zu Routinearbeiten? Obwohl Routine häufig mit einem negativen Beigeschmack präsentiert wird, haben stetig wiederkehrende Aufgaben ja durchaus auch positive Aspekte.
- → Welche Art von Routinearbeiten können Sie überhaupt nicht ausstehen?
- → Was verstehen Sie unter Abwechslung im Beruf? Wie lautet Ihre persönliche Definition?
- → Wie flexibel sind Sie? Welche Art von Abwechslung mögen Sie? Welche nicht?
- → Wie viel Abwechslung tut Ihnen gut?

Auch wenn es oft so propagiert wird: Traumjob und Routine sind nicht automatisch und für jeden Widersprüche. Wenn Sie zu den Menschen gehören, die feste und klare Abläufe brauchen und Spaß an Verwaltungsarbeiten und Routine haben, dann sieht Ihr Traumjob genauso aus. Auch wenn andere Leute das möglicherweise nicht nachvollziehen können.

Vielleicht können andere Ihren Traum nicht nachvollziehen.

„Da finden wir nie jemanden! Kein Mensch will den ganzen Tag am Computer sitzen und Daten eintippen", meinte eine Mitarbeiterin, als in ihrem Unternehmen Schreibkräfte gesucht wurden. Ganz klar: Sie ging von sich selbst aus – und für sie war das Abtippen von Texten grauenvoll. Doch wie schon gesagt: Was jemand im Beruf als „schön" empfindet, ist absolut personenabhängig. Eine der Autorinnen war zu Anfang ihrer Berufstätigkeit mehrere Jahre Schreibkraft – und hat mit Begeisterung tagein, tagaus Berichte vom Blatt und vom Band getippt.

Arbeitstempo und Stress

Menschen reagieren sehr unterschiedlich auf Druck und Belastung. Während die einen erst bei einem gewissen Stresspegel so richtig aufblühen und sich wohl fühlen, wird es anderen schnell zu viel. Gutes Stressmanagement wird heute in der Arbeitswelt praktisch überall verlangt. Es gibt aber eine riesige Bandbreite, was Arbeitsbelastung und -tempo anbelangt. Stress hat übrigens nicht nur mit Überforderung zu tun: Auch wenn Sie in Ihrem Tempo gebremst werden und sich unterfordert fühlen, kann das sehr negative Auswirkungen haben.

Machen Sie sich klar, welche Art von Druck und Stress auf Sie belebend wirkt und wo Ihre Grenzen liegen.

→ Was bedeutet Stress für Sie? Fassen Sie Ihre persönliche Definition einmal in Worte und schreiben Sie diese nieder.

Die eigenen Grenzen ausloten

→ Wann fühlen Sie sich gestresst? Denken Sie an Anforderungen, an das Umfeld, an Zeitfaktoren etc. Differenzieren Sie: Manche Umstände sind für sich betrachtet noch kein Stressfaktor, werden es aber in Kombination mit anderen. Manche sind für sich allein gesehen schon stressig.

___

→ Wie äußert sich das Gefühl von Gestresstsein bei Ihnen (innerlich/äußerlich)?

___

→ Wie reagieren Sie, wenn Sie unter Druck geraten und sich überfordert fühlen?

___

→ Welches ist das ideale Arbeitstempo für Sie?

___

→ Wie sind die idealen Umstände, damit kein Stressgefühl aufkommt?

___

→ Wie sieht es mit Ihrer so genannten Multitasking-Fähigkeit aus: Können und wollen Sie mehrere Dinge gleichzeitig erledigen oder parallel an mehreren Aufgaben arbeiten? Oder erledigen Sie lieber eins nach dem anderen?

Alleine und mit anderen zusammen

Alleine oder im Team?

Ja, es gibt sie beide: die Teamleute und die Einzelkämpfer. Während die einen am liebsten eng mit Kollegen zusammenarbeiten und im Team so richtig aufblühen, wollen die anderen in Ruhe für sich alleine arbeiten. Manchen liegt es, möglichst viel mit Menschen zu tun zu haben und zu kommunizieren, zum Beispiel mit Kunden und Kollegen. Andere beschäftigen sich am liebsten mit Zahlen oder technischen Geräten, programmieren am Computer oder entwerfen Pläne. Natürlich gibt es kaum Jobs, in denen man überhaupt nicht mit anderen Menschen zu tun hat. Aber die Intensität ist sehr unterschiedlich.

Gerade Technikbegeisterte tendieren gerne dazu, voll in ihrer Materie aufzugehen und die Menschen um sie herum als störend zu empfinden. „Wenn nur diese User nicht wären, wäre mein Job super!“, heißt es nicht selten in EDV-Abteilungen. Angenommen Sie möchten in einen technischen Beruf umsteigen oder verstärkt technische Aufgaben übernehmen: Machen Sie sich klar, welche Art von Kontakten Sie mit anderen Menschen haben werden. Wenn Sie nicht gerne beraten oder sich nicht mit den Schwierigkeiten anderer auseinander setzen wollen, sollten Sie sich eine weniger serviceorientierte Aufgabe suchen.
Schreiben Sie Ihre Antworten wieder auf:

→ Wie arbeiten Sie am liebsten und besten: für sich alleine oder eng mit anderen zusammen? Warum?

→ Können Sie die erste Frage differenzieren? Ist es vielleicht von der Art der Tätigkeiten oder sonstigen Umständen abhängig, was Sie vorziehen?

→ Bedeutet „eng“ für Sie, dass jeder sein eigenes Aufgabengebiet hat und man sich ergänzt oder dass jeder alles macht?

→ Haben Sie gerne mit Kunden zu tun (extern und intern)? Warum ja – warum nein?

→ Welchen Kundenkontakt mögen Sie/mögen Sie nicht: direkt oder indirekt (Telefon, Internet, schriftlich)?

Sich ausleben

Die richtigen Herausforderungen führen zu Höchstleistungen.

„Ich weiß, dass ich viel mehr kann, und das möchte ich auch zeigen!“ Wie motiviert man seine Arbeit anpackt und wie viel Befriedigung man daraus zieht, hat viel damit zu tun, wie sehr man die eigenen Potenziale ausleben und sich beweisen kann. Was wirklich animiert und ansporn, sind die richtigen Herausforderungen und ein Umfeld, in dem man die eigenen Fähigkeiten einsetzen und zeigen kann, was in einem steckt.

Wissen und bisherige Erfahrungen einbringen

Jeder hat sich im Laufe seines bisherigen Lebens Kenntnisse angeeignet und verschiedene Erfahrungen gesammelt: in Schule, Ausbildung und Studium, im Arbeitsleben und in der Freizeit. Gerade die Dinge, die einen wirklich interessieren und Spaß machen, würde man gerne im Arbeitsleben einsetzen. Vielleicht haben Sie Sprachkenntnisse und möchten sie gerne im Arbeitsalltag verwenden. Oder Sie haben ein gutes Allgemeinwissen. Es kann sein, dass Sie am PC fit sind oder das Formulieren von Texten Ihre Stärke ist.

- → Mit welchem Wissen, das Sie bisher erworben haben, möchten Sie weiterhin zu tun haben? In welcher Beziehung?
- → Welches Know-how und welche Fertigkeiten möchten Sie anwenden können?

Checken Sie ab, inwieweit das, was Sie interessiert und begeistert, in Ihrem Traumjob auch tatsächlich gefragt ist – nicht dass es Ihnen so geht wie dem Fremdsprachenkorrespondenten, der als Kundenberater in einem internationalen

Konzern angetreten war, um seine Sprachkenntnisse einzubringen – und sie dann nur wenige Male im Monat nutzen konnte.

Gestaltungsfreiräume

Zu den wichtigsten Kompetenzen zählen Selbstständigkeit und Eigeninitiative.

Selbstständigkeit und Eigeninitiative zählen heute zu den wichtigsten persönlichen Kompetenzen. Doch was genau darunter zu verstehen ist und wie das in der Praxis aussieht, variiert von Unternehmen zu Unternehmen und von Mensch zu Mensch. Während die einen viel persönliche Freiheit und einen großen Gestaltungsfreiraum im Job brauchen und bei Entscheidungen mitreden wollen, bevorzugen andere ganz klar abgesteckte und eindeutige Verantwortungsbereiche. Viele Menschen wollen stark eingebunden sein, an die Hand genommen werden und klare Richtlinien bekommen, an die sie sich halten können. Andere legen Wert darauf, selbstständig und eigenverantwortlich zu handeln und lediglich im Zweifelsfall Rücksprache halten zu müssen. Da man sich nur in dem Umfeld entfalten und zu Höchstform auflaufen kann, in dem diesen Bedürfnissen Rechnung getragen wird, ist es wichtig, sich über sich selbst im Klaren zu sein.

→ Was bedeuten Selbstständigkeit und Freiheit im Beruf für Sie?

____

→ Wie viel Wert legen Sie auf Gestaltungsfreiräume? Wie sollten diese konkret aussehen?

____

→ Inwiefern arbeiten Sie selbstständig? Welche Fähigkeiten bringen Sie mit, um Freiräume tatsächlich ausschöpfen zu können?

→ Wie stehen Sie zu Regeln und Vorschriften? Wie gehen Sie damit um?

→ Wie wichtig sind Ihnen klare Grenzen?

Kreativ sein

Was ist Kreativität? Kreativität hat viele Ausdrucksformen.

Menschen, die mit ihrem Job nicht zufrieden sind, sagen häufig, dass sie sich nicht einbringen und nicht ausreichend kreativ sein können. Als Umkehrschluss gilt dann oft: Ideal ist ein Job für mich, wenn ich kreativ sein kann. Doch was genau ist damit gemeint? Der Begriff Kreativität ist sehr dehnbar und wird sehr unterschiedlich interpretiert: von der genialen Idee und künstlerischem Einfallsreichtum über das Suchen von praktischen Lösungen bis hin zum effizienten Managen der ganz normalen täglichen Arbeit. Kreativ sein kann auch bedeuten, dass man Initiative ergreifen und die eigene Meinung äußern möchte. Wenn Menschen beklagen, dass sie am Arbeitsplatz nicht kreativ sein können, meinen sie damit häufig, dass keiner an ihrer Meinung und ihren Vorschlägen interessiert ist.

→ Was verstehen Sie unter Kreativität? Schreiben Sie Ihre ganz persönliche Definition auf.

→ Wie viel Wert legen Sie darauf, am Arbeitsplatz kreativ sein zu können?

→ Inwiefern sind Sie kreativ?

→ In welchen Situationen haben Sie Ihre Kreativität bisher ausleben können?

Verantwortungsbereich

Den Verantwortungsbereich abstecken

Der Traumjob wird nur dann ein Traumjob bleiben, wenn man das richtige Maß an Verantwortung bekommt. Ist der Verantwortungsbereich zu klein, sind Demotivation und Frust die Folge; ist er zu groß, wächst einem die Sache schnell über den Kopf. Es ist eine Sache, für die eigenen Aufgaben und das, was man zu hundert Prozent selbst bestimmt, einzustehen – und eine ganz andere Sache, wenn es um Teamergebnisse oder gar um Mitarbeiter geht, für die man verantwortlich ist.
Setzen Sie sich einmal schriftlich mit dem Begriff „Verantwortung" auseinander:

→ Was genau verstehen Sie unter Eigenverantwortung im Beruf?

____

→ Welche Erfahrungen haben Sie bisher mit Eigenverantwortung gesammelt?

____

→ Wie sieht der Bereich, für den Sie gerne die volle Verantwortung übernehmen, konkret aus? Soll es ein unmittelbares und klar umgrenztes Aufgabengebiet sein oder gerne mehr?

____

→ Können und wollen Sie auch für die Leistungen und das Verhalten anderer die Verantwortung übernehmen?

Ganz besonders dann, wenn Sie eine Führungsposition anstreben, sollten Sie sich intensiv mit dem Thema Verantwortung beschäftigen. Denn es ist ein riesiger Unterschied, ob Sie nur für das Verantwortung tragen, was Sie selbst tun und lassen, oder auch für Handlungen und Entscheidungen anderer Menschen.

Sich weiterentwickeln

Sich kontinuierlich weiterentwickeln und Perspektiven schaffen

Einer der wohl am häufigsten angeführten Gründe, sich nach einem neuen Job umzusehen, lautet: Dort, wo ich gerade bin, habe ich keine Entwicklungsmöglichkeiten und keine interessanten Zukunftsperspektiven. Nur die wenigsten haben eine fundierte und durchdachte Antwort auf die Frage, was genau sie darunter verstehen und wie ihre Idealvorstellung aussieht. Es ist jedoch wichtig, dass Sie sich darüber im Klaren sind, welche Erwartungen Sie haben und in welcher Beziehung Sie sich weiterentwickeln möchten. Nur dann haben Sie die Möglichkeit, den Job und das Umfeld, in dem Ihre Erwartungen erfüllt werden, gezielt zu suchen – und eine gute Chance, sie zu finden.

- → Was bedeutet Weiterentwicklung für Sie?
- → In welchen Bereichen möchten Sie dazulernen und besser werden (fachlich und persönlich)?
- → Was erwarten Sie in dieser Hinsicht vom Unternehmen?
- → Wie stellen Sie sich Ihre Weiterentwicklung praktisch vor? Also in welcher Zeitspanne, mit welchen Methoden oder Lernformen und welchem zeitlichen und finanziellen Einsatz sollte sie stattfinden?

Wenn Sie sich für diese Übung Zeit nehmen und die Bereiche, in denen Sie sich konkret weiterentwickeln möchten, differenziert auflisten, bekommen Sie hier bereits eine gute Grundlage für Ihren persönlichen Aktionsplan.

Herausforderungen

Für viele Menschen bedeutet Weiterentwicklung:

Klarheit gewinnen, wo man steht und wo es hingehen soll

- dass es etwas gibt, auf das sie hinarbeiten können;
- dass sie Ziele und eine konkrete Richtung haben;
- dass sie Feedback zu ihrer Leistung bekommen und vom Chef gefordert und gefördert werden;
- dass sie wissen, wo sie stehen und wo sie hin sollen;
- dass die Messlatte höher gelegt wird und sie so einen Ansporn erhalten.

- Wie definieren Sie persönlich „berufliche Herausforderung"?

___

- Welcher Art sind Herausforderungen, mit denen Sie sich wohl fühlen oder die Sie regelrecht brauchen?

___

- Welche Erfahrungen haben Sie damit bisher gemacht?

___

- Setzen Sie sich selbst Ziele oder brauchen Sie jemanden, der sie mit Ihnen zusammen ausarbeitet?

Vorsicht vor Selbstüberschätzung!

Es ist sehr wichtig, dass Sie sich nicht überschätzen. Denn der Traumjob wird leicht zum Alptraum, wenn er einem über den Kopf wächst oder man hinter den eigenen Qualitätsansprüchen zurückbleibt. Beschäftigen Sie sich auch damit, was Sie überfordert und wo Ihre Grenzen liegen.

Weiterbildung

Es ist ganz unterschiedlich, wie viel Unternehmen in die Weiterbildung ihrer Mitarbeiter investieren und welche Möglichkeiten angeboten werden.

Große Unternehmen haben oft ein breit gefächertes internes Weiterbildungsangebot oder sogar eigene Akademien; sie bieten ihren Mitarbeitern regelmäßige Kurse und Trainings an. In kleineren Firmen müssen sich die Mitarbeiter oft selber aktiv um ihre Weiterbildung kümmern.

Immer wieder beschweren sich Angestellte und auch Selbstständige, dass die Weiterbildung zu kurz kommt, entweder weil kein passendes Angebot vorhanden ist oder die Zeit oder das Geld dafür fehlen.

Erlerntes verpufft leider oft im Alltag.

Auf der anderen Seite verpufft das in Seminaren Erlernte nicht selten, denn ein kurzes Training bedeutet nicht unbedingt, dass man die Lerninhalte tatsächlich im Alltag umsetzen kann; oft wird auch zu viel in zu kurzer Zeit vermittelt. Schließlich bricht nach dem Training der Arbeitsalltag wieder herein, und wenn man nicht aktiv dranbleibt, geht neues Wissen häufig schnell wieder verloren.

!

Unabhängig davon, ob und in welchem Maß Ihr Unternehmen Ihre Fortbildung fördert: Sie alleine entscheiden, wie viel Sie mitnehmen und wovon Sie profitieren. Die Möglichkeiten des Lernens sind vielfältig – und auch bei den zeitlichen und finanziellen Rahmen gibt es alle Abstufungen.

Aufstiegsmöglichkeiten

Weiterentwicklung wird häufig gleichgesetzt mit dem Aufstieg in höhere Positionen. Oft ist der Wunsch nach Führungsaufgaben groß: Manager zu werden, die Verantwortung für ein Projekt, einen Geschäftsbereich und für Mitarbeiter zu übernehmen, steht bei vielen hoch im Kurs.

Es ist sehr wichtig, dass Sie Ihre Ziele in dieser Hinsicht gründlich hinterfragen. Denn nicht jeder ist für Managementaufgaben geeignet beziehungsweise mag diese auch. Die Vorstellung vom Chef, der alle Aufgaben delegiert, andere für sich arbeiten lässt und ein hohes Gehalt einstreicht, ist längst überholt. Management ist eine sehr komplexe und anspruchsvolle Aufgabe.

Dem Softwareprogrammierer bot sich die Möglichkeit, intern aufzusteigen und Entwicklungsleiter zu werden. Teil der Aufgabe war die Personalverantwortung für drei Kollegen. Davor hatte er Angst und eigentlich keine rechte Lust dazu. Aber was für eine Chance bot sich ihm, ins Management der Firma aufzusteigen! Er nahm die Beförderung an. Bereits nach kurzer Zeit war er verunsichert, weil er sich von seinen Mitarbeitern nicht anerkannt fühlte. Außerdem konnte er nicht mehr – wie eigentlich erwartet – aktiv in der Entwicklung mitarbeiten: Statt selbst zu programmieren, was er leidenschaftlich gerne machte, verbrachte er seine Zeit mit Verwaltungs- und organisatorischen Aufgaben – und in Meetings.
Natürlich wollen wir Ihnen den Aufstieg nicht ausreden. Wir möchten Sie nur für wichtige Überlegungen und für mögliche Probleme sensibilisieren und bitten, Ihre Vorstellungen zu konkretisieren. Denn wenn eine Chance oder ein Ziel auch noch so schön klingt, muss die Realität noch lange nicht mit Ihren Bildern vom Traumjob übereinstimmen.

Gute Chancen und schöne Ziele sehen in der Realität oft anders aus.

Machen Sie sich bitte wieder schriftlich Gedanken:

→ Streben Sie einen Aufstieg an? Was genau verbinden Sie mit Aufstieg? (Möchten Sie eine Ein-Mann-Abteilung sein oder Projekte leiten, für die Sie selbst verantwortlich sind? Personalverantwortung, ja oder nein? ...)

→ Was versprechen Sie sich davon? Welche Motivation steckt hinter diesem Wunsch?

→ Wie stellen Sie sich den Arbeitsalltag genau vor?

→ Wissen Sie genug über Ihr angestrebtes Ziel?

Was erwarte ich vom Beruf?

Der tollste Traumjob ist selten makellos.

Freunden Sie sich gleich damit an: Höchstwahrscheinlich gibt es ihn gar nicht, den makellosen Traumjob, der all Ihre Wünsche erfüllt und stets all Ihren Erwartungen gerecht wird. Sie werden wohl bestimmte Abstriche machen und Kompromisse eingehen müssen. Egal ob Sie angestellt sind oder für Ihr eigenes Unternehmen arbeiten, hundert Prozent Traumjob gibt es kaum. Umso wichtiger ist es, dass Sie sich über Ihre Erwartungen und Wünsche im Klaren sind. Denn dann können Sie bewusst die Abstriche und Kompromisse akzeptieren, die nun einmal dazugehören.
Und vor allen Dingen gehen Sie auf diese Weise realistisch an die Sache ran! Denn wer nur vage oder gar idealistische Vorstellungen von seinem Traumjob hat, wird hinterher im Alltag leichter enttäuscht.

Rahmenbedingungen

Es gibt eine Reihe von Rahmenbedingungen, die eine große Auswirkung auf den Arbeitsalltag und die Motivation haben, vielleicht nicht sofort und unmittelbar, aber langfristig auf jeden Fall. Deshalb sollten Sie sich, bevor Sie die Suche nach Ihrem Traumjob aktiv beginnen, Gedanken darüber machen, worauf Sie Wert legen und welche Kompromisse Sie nicht eingehen wollen.

Ort und Lage

Vielleicht denken Sie, dass Sie für Ihren Traumjob bis ans Ende der Welt gehen und auch lange Anfahrtswege in Kauf nehmen würden. Lassen Sie sich die Sache gut durch den Kopf gehen. Natürlich ist es gerade am Anfang, wenn die Euphorie noch groß ist, kein Problem, Tag für Tag beispielsweise drei Stunden Fahrtzeit aufzuwenden oder an einen Ort umzuziehen, der nicht gerade Ihrem Traum entspricht. Denken Sie aber weiter und malen Sie sich aus, was passiert, sobald die erste Begeisterung verflogen ist und Routine einkehrt. Dann bekommen nämlich lange Anfahrtswege oder ein ungeliebtes Umfeld plötzlich ein ganz anderes Gewicht.

Bei aller Euphorie: Klopfen Sie auch die nüchternen Fakten ab!

Das heißt keineswegs, dass Sie nicht umziehen oder nur einen Job in unmittelbarer Nähe annehmen sollen. Es bedeutet nur, dass Sie sich über Ihre Erwartungen klar werden und dann bewusst entscheiden.

In diesem Zusammenhang ist es auch wichtig, an Reisetätigkeiten zu denken. Manche Menschen finden es aufregend, Geschäftsreisen zu machen, von Termin zu Termin zu jetten oder sogar die ganze Welt zu bereisen. Wer viel unterwegs ist, wird Ihnen bestätigen, dass der erste Zauber schnell verfliegt: Aus dem Koffer zu leben, von Hotel zu Hotel zu ziehen und von fremden Orten gerade mal den Flughafen, den Bahnhof und das Innere eines Taxis zu sehen, das hat durchaus seinen Reiz – aber nicht jeder ist auf Dauer davon fasziniert.

Hier einige Denkanstöße für Sie:

→ Wo soll Ihr Arbeitsplatz idealerweise sein, in der Stadt oder auf dem Land? Haben Sie bestimmte geografische Präferenzen oder Abneigungen?

→ Würden Sie gegebenenfalls auch umziehen? Wenn ja, unter welchen Voraussetzungen?

Auch das „Wo" spielt eine große Rolle.

- Würden Sie pendeln? Wenn ja, wie lange wollen Sie maximal unterwegs sein?

- In welcher Umgebung soll sich der Arbeitsplatz befinden (Stadtmitte, in der Nähe von Einkaufsmöglichkeiten oder Fitnessstudio usw.)?

- Inwiefern soll Ihr Beruf mit Reisen verbunden sein? Welchen zeitlichen und räumlichen Rahmen stellen Sie sich vor? Denken Sie nicht nur an die klassischen Außendienstpositionen, sondern auch an andere Berufe, die mit Reisen zu tun haben (Reise- und Touristikbranche), oder auch an Tätigkeiten in internationalen Unternehmen, bei denen Niederlassungen oder Kunden im Ausland besucht werden.

- Wie häufig und wie lange möchten Sie geschäftlich unterwegs sein?

Spielen Sie mit dem Gedanken an ein Home Office?

In diesem Zusammenhang ist es wichtig, auch über Heimarbeitsplätze zu sprechen. Viele Menschen wünschen sich, ganz oder teilweise am heimischen Arbeitsplatz (Home Office) zu arbeiten.

Das Arbeiten zu Hause (Telearbeit, Teleworking) wird von vielen Unternehmen durchaus unterstützt. Und auch wenn es in Ihrer Firma noch keinen Heimarbeiter gibt, können Sie einen entsprechenden Vorstoß machen. Sofern Ihre Tätigkeit dazu geeignet ist, kann das für beide Seiten – das Unternehmen und Sie selbst – Vorteile bringen.

Ist es Ihr Traum, von zu Hause aus zu arbeiten? Dann beantworten Sie auch hierzu einige Fragen:

- ➔ Warum würden Sie gerne ganz oder teilweise zu Hause arbeiten? Welche Motivation steckt dahinter und was versprechen Sie sich davon?

- ➔ Haben Sie genug Platz für ein gut ausgestattetes, vom Wohnbereich abgegrenztes Büro?

- ➔ Haben Sie und Ihre Familie/Lebenspartner genug Disziplin, die Arbeit vom Privaten zu trennen?

- ➔ Sind Sie in der Lage, Ihren Tag effektiv durchzuplanen, sich selbst Ziele zu setzen und konzentriert Ihrer Arbeit nachzugehen?

- ➔ Sind Sie sich dessen bewusst, dass Sie alleine zu Hause sitzen und allenfalls per Telefon oder E-Mail mit anderen Menschen in Kontakt kommen?

- ➔ Können Sie ohne Input oder Rückfragen von Kollegen „leben“?

- ➔ Wie geht es Ihnen bei dem Gedanken, dass Sie vieles, was – formell und informell – in der Firma abgeht, nicht mehr sofort oder überhaupt nicht mitbekommen?

- ➔ Können Sie sich vorstellen, einen Arbeitsplatz in der Firma mit einem Kollegen zu teilen? (Manche Unternehmen bieten Telearbeit an, um die Arbeitsplatznutzung effektiver zu gestalten, was darin münden kann, dass keiner mehr einen eigenen Schreibtisch hat.)

Arbeitszeiten

Flexible oder feste Arbeitszeiten?

Für viele Menschen sind flexible Arbeitszeiten sehr wichtig und spielen eine riesige Rolle für die Motivation. Andere empfinden klar geregelte Arbeitszeiten als angenehm und möchten einen festen Rahmen haben. Seien Sie ehrlich zu sich selbst und machen Sie sich klar, wie Sie mit Ihrer Zeit umgehen und welche Art von Zeitmanager Sie sind.

- → Wollen Sie sich Ihre Zeit selbst einteilen? Sind Ihnen starre Arbeitszeiten ein Gräuel? Oder ziehen Sie fest geregelte Arbeitszeiten vor, weil Sie dann einen Rahmen haben, an den Sie sich halten können – und Beruf und Privatleben ganz klar getrennt werden?
- → Wie sehen Ihre Vorstellungen von der idealen Arbeitszeit aus?
- → Wie diszipliniert sind Sie im Umgang mit Ihrer Zeit?
- → Wie stehen Sie zu Überstunden? Wie sollten diese geregelt sein?

Wie diszipliniert Sie mit Ihrer Zeit umgehen, spielt besonders dann eine große Rolle, wenn Sie von zu Hause aus arbeiten – entweder als Telearbeiter oder weil Sie sich selbstständig machen. Wenn Sie einen äußeren Rahmen und vorgegebene Termine brauchen, um beispielsweise überhaupt aufzustehen, kann es schwierig werden.

Urlaub

Urlaub ist wichtig für das Aufladen der Batterien.

Wenn Sie Ihren Traumjob planen, sollten Sie auf keinen Fall vergessen, dass Sie sich von der Arbeit auch erholen wollen und sollen. Schließlich möchten Sie auch mal abschalten und

Ihre Batterien aufladen – und einen Schritt zurücktreten, um über Ihren Traumjob nachzudenken. Wie mit dem Thema Urlaub umgegangen wird, hängt stark von den einzelnen Unternehmen ab. Es gibt Unterschiede nicht nur, was die Anzahl der Urlaubstage angeht, sondern auch hinsichtlich der Vorgangsweise. Während man in manchen Unternehmen Urlaubstage ansparen und später am Stück nehmen kann, muss in anderen langfristig geplant werden.

- ➔ Wie wichtig ist Ihnen Ihr Urlaub? Wie viele Tage pro Jahr wollen Sie auf jeden Fall haben?
- ➔ Wie planen Sie Ihren Urlaub, lange im Voraus oder eher spontan?
- ➔ Ziehen Sie einen längeren Urlaub vor oder nehmen Sie lieber hin und wieder mal ein paar Tage frei?

Viele Leute meinen, dass Selbstständige es gut haben: Schließlich müssen sie sich mit niemandem absprechen und können immer Urlaub nehmen, wenn sie wollen. Doch die Realität sieht häufig ganz anders aus. Abgesehen davon, dass die meisten in den ersten Jahren des Aufbaus kaum Urlaub machen können, plagt später viele das schlechte Gewissen, wenn sie sich frei nehmen.

Finanzielles

Geld ist nicht alles. Aber wichtig ist es für jeden.

Wie viel Wert auf Gehalt und Einkommen gelegt wird, ist sehr unterschiedlich. Während für die einen Geld sehr wichtig ist, spielt es für andere eine eher untergeordnete Rolle. Immer mehr Menschen, die zwar gut verdienen, sich aber an ihrem Arbeitsplatz nicht wohl fühlen, erleben am eigenen Leibe, dass Geld bei weitem nicht alles ist. Egal wie Sie zu diesem Thema stehen, Sie sollten sich auf jeden Fall damit beschäftigen. Denn

Sie müssen sich darauf verlassen können, dass Ihr Traumjob Ihnen das einbringt, was Sie brauchen und/oder sich wünschen. Geld allein sollte Sie zwar nicht motivieren, aber wenn Sie in finanzielle Schwierigkeiten kommen oder sich nicht wertgeschätzt fühlen, kann das ganz schön frustrieren.

Die gelernte Schriftsetzerin möchte unbedingt bei der Bildagentur anfangen. Zwar liegt der Verdienst deutlich unter dem, was sie bisher bekommen hat, aber in den beiden Vorstellungsgesprächen hat sich gezeigt: Der Job ist toll! Das Umfeld und die Leute passen. Die Atmosphäre ist angenehm. Es wird schon klappen mit dem Geld, denkt sie, denn viel wichtiger als das Finanzielle ist doch, dass man gerne zur Arbeit geht.
Bereits in der Probezeit stellt sie fest, dass sie mit dem Geld hinten und vorne nicht auskommt – und muss deswegen wieder kündigen.

Hier ein paar Fragen für Sie zum Thema „Gehalt“:

→ Wie viel Geld brauchen Sie pro Monat? Was müssen Sie mindestens verdienen? Rechnen Sie all Ihre Fixkosten zusammen, von der Miete über Auto und Versicherungen bis hin zu Telefonkosten, Lebensmitteln etc.

→ Wie viel möchten Sie gerne verdienen? Was möchten Sie über Ihre Lebenshaltungskosten hinaus zur Verfügung haben, für Extras wie Urlaube, Hobbys, Fitnessstudio, essen gehen etc.?

→ Warum verdienen Sie diesen Betrag? Was hat ein Unternehmen davon, Sie einzustellen, und warum sollte es Ihnen dieses Gehalt bezahlen?

Arbeitsumfeld

Der Traumjob ist wie ein Mosaik, das sich aus vielen Teilen zusammensetzt: Wenn einzelne Teile nicht passen, stimmt das ganze Bild nicht. Eine wesentliche Rolle, mit wie viel Enthusiasmus und Freude Sie an Ihre Arbeit gehen, spielt das unmittelbare Umfeld: die Kollegen, die Vorgesetzten, die ganze Arbeitsatmosphäre.

Welche Art von Unternehmen?

Welches Umfeld wünschen Sie sich?

Niemand fühlt sich in jedem Umfeld wohl. Natürlich können sich manche Menschen leichter und schneller anpassen als andere. Aber jeder hat bestimmte Vorlieben und bevorzugt eine entsprechende Art von Umgebung. Auch für den idealen Job gilt: Wenn das Umfeld für Sie nicht stimmt, wenn Sie nicht zum Unternehmen und in die Unternehmenskultur passen, fühlen Sie sich nicht wohl und bleiben hinter Ihren Möglichkeiten zurück. Es reicht nicht, den Traumjob inhaltlich zu beschreiben und ganz genau zu wissen, womit Sie sich Tag für Tag beschäftigen wollen. Das Umfeld hat einen beträchtlichen Einfluss darauf, wie Sie sich fühlen und mit wie viel Elan Sie an die Arbeit gehen.

- → Wie sieht das Unternehmen aus, in dem Sie am liebsten arbeiten würden? Wie groß ist es (Kleinbetrieb mit ein paar Mitarbeitern, internationaler Konzern)?

- → Wie ist es von der gesamten Art her (jung-dynamisch und flippig oder traditionell-konservativ)?

- → Welche Erfahrungen mit unterschiedlichen Unternehmenskulturen haben Sie bisher gemacht? Wie ist die Unternehmenskultur, mit der Sie am besten zurechtkommen und in der Sie sich entfalten können?

- Wie sieht es aus mit Duzen und Siezen?

- Wie stehen Sie zu Hierarchien und klaren Strukturen? Legen Sie Wert darauf oder sind sie Ihnen eher hinderlich?

Der Arbeitsplatz

Der Arbeitsplatz wirkt sich auf das Wohlbefinden aus.

Bestimmt ist es Ihnen nicht egal, wie Ihr Arbeitsplatz und die unmittelbare Umgebung aussehen. Immerhin verbringen Sie dort den größten Teil des Tages. Je weniger wählerisch Sie in dieser Beziehung sind, umso leichter werden Sie es wahrscheinlich haben. Wichtig ist, dass Sie sich über Ihre Erwartungen und Bedürfnisse klar sind und diese nicht unter den Teppich kehren. Denn gerade die vermeintlichen Kleinigkeiten – wie beispielsweise Unordnung, die man als störend empfindet, oder die Tatsache, dass man keine persönlichen Dinge am Arbeitsplatz haben darf – wirken auf die Dauer sehr negativ und können einem das Leben ganz schön vermiesen.

- Wie sieht der Arbeitsplatz aus, an dem Sie sich wohl fühlen?

- Worauf legen Sie am meisten Wert, worauf wollen Sie auf keinen Fall verzichten?

- Wie sieht es aus mit Licht, Farben, genügend Freiraum am Arbeitsplatz?

- Was ist Ihnen an der gesamten Umgebung wichtig?

Viele Menschen können nur dann konzentriert und in Ruhe arbeiten, wenn sie alleine und ungestört sind; andere brauchen Leben um sich herum. Wie ist es bei Ihnen: Arbeiten Sie lieber und besser im eigenen Büro oder zusammen mit anderen? Vielleicht brauchen Sie auch beide Möglichkeiten, abhängig von Ihrer jeweiligen Tätigkeit. Es ist wichtig, dass Sie sich selbst richtig einschätzen, damit Sie nicht am falschen Platz landen.

Arbeitsatmosphäre und Kollegen

Nur wenn auch das Klima stimmt, macht man seine Arbeit gerne.

Wie wichtig die gesamte Arbeitsatmosphäre, das Betriebsklima und die zwischenmenschlichen Beziehungen für die Zufriedenheit mit der Arbeit sind, ist in den letzten Jahren sehr deutlich geworden. Wenn hier etwas nicht stimmt, die Stimmung schlecht oder gedrückt ist, man mit den Kollegen nicht klarkommt, hat das gewaltige Auswirkungen darauf, wie gut und wie gerne man seinen Job erledigt – egal wie sehr man sich mit seinen eigentlichen Aufgaben identifiziert.
Nicht selten kristallisiert sich bei intensiver Betrachtung heraus, dass Demotivation gar nichts mit der Arbeit an sich zu tun hat, sondern darauf zurückzuführen ist, dass man sich einfach nicht wohl fühlt. Da die Arbeitsatmosphäre so große Auswirkungen hat und ganz wesentlich mit bestimmt, ob der Traumjob auch ein Traumjob bleibt, sollten Sie sich darüber klar sein, in welchem Umfeld Sie sich wohl fühlen, wo Sie aufblühen und sich entfalten können.

→ Welche guten und weniger guten Erfahrungen haben Sie bisher mit dem Betriebsklima gemacht?

→ Welche guten und weniger guten Erfahrungen haben Sie bisher mit Kollegen gemacht?

→ Was ist für Sie ein „gutes Betriebsklima“? Woran erkennen Sie es?

→ Wie sehen Sie Ihre eigene Rolle in diesem Zusammenhang? Was können Sie tun, um das Betriebsklima und das Miteinander/die Zusammenarbeit im Kollegenkreis zu verbessern?

→ Welche Art von Umgang miteinander ist Ihnen wichtig? Worauf legen Sie am meisten Wert?

→ Welche Erwartungen haben Sie an Ihre Kollegen? Wie sollten sie auf Sie zu- und mit Ihnen umgehen?

→ Stichwort Kritik und Konflikte: Wie sollte Ihrer Meinung nach damit umgegangen werden?

Der Vorgesetzte

Welche Art von Chef brauchen Sie?

Dies ist ein wichtiger Punkt, denn der tollste Job kann einem vermiest werden, wenn man mit dem eigenen Vorgesetzten nicht klarkommt oder ihn nicht anerkennt. Motivation und Engagement können enorm darunter leiden, dass man seinen Chef nicht schätzt oder mag, nicht die Zuwendung und Anerkennung bekommt, die man braucht. Bestimmt kennen auch Sie Leute, die nur deshalb das Unternehmen wechseln wollen, weil es mit dem Vorgesetzen einfach nicht klappt, zum Beispiel weil er sich zu sehr einmischt oder sich überhaupt nicht kümmert oder weil die Chemie einfach nicht stimmt.

→ Welche Erfahrungen haben Sie bisher mit Vorgesetzten gemacht?

→ Wie ist ein Chef, mit dem Sie gerne zusammenarbeiten?

→ Was ist für Sie ein guter Chef?

➔ Welchen Führungsstil bevorzugen Sie und was bedeutet das in der Praxis?

➔ Wie viel Freiheit und wie viel Aufmerksamkeit wünschen Sie sich von Ihrem Chef?

„Eigentlich habe ich ja meinen Traumjob, wenn nur mein Chef anders wäre!" Solche und ähnliche Aussagen hört man gar nicht so selten. Wenn es Ihnen auch so geht:
Machen Sie sich bewusst, um welche Schwierigkeiten es sich konkret handelt.

Jeder kann seine Situation aktiv selbst verbessern.

➔ Womit kommen Sie nicht klar?

➔ Was sollte anders sein und wie? Seien Sie selbstkritsch und überlegen Sie, was Sie selbst tun können, um die Situation zu verbessern.

➔ Haben Sie mit Ihrem Chef schon mal konstruktiv über die kritischen Themen gesprochen?

Falls Sie sich nach einer neuen Stelle umsehen: Halten Sie sich vor Augen, welche Erwartungen Sie an Ihren Vorgesetzten haben, und klären Sie diese im Vorfeld so detailliert wie möglich ab. Reduzieren Sie so das Risiko, wieder an den Falschen zu geraten.

Wenn sich der Traumjob entzaubert

Nicht immer bleibt der einstige Traumjob erstrebenswert. Der berufliche Alltag und auch die persönliche Weiterentwicklung können die Sichtweise verändern. Diese Erfahrung hat auch Lisa Hock aus München gemacht:

Du hast dich vor einigen Jahren firmenintern (in eine andere Abteilung) umorientiert, um deinem Traumjob näher zu kommen. War der Wechsel einfach?

Nein, der Wechsel war überhaupt nicht einfach. Ich war als Teamassistentin im Verkauf tätig, wollte aber eigentlich von Anfang an gerne in eine Abteilung wechseln, die direkt mit unserem Produkt – den Bildern – zu tun hatte. Die Chance auf eine freie Stelle dort war allerdings gleich null.
Als dann doch eine E-Mail mit der internen Stellenausschreibung für einen „Creative Researcher“ kam, dachte ich: „Ich bin in keiner Weise qualifiziert für diesen Job.“ Obwohl ich mehr als alles andere in diese Abteilung wollte, dachte ich überhaupt nicht daran, es auch nur zu versuchen. Erst als mehrere Kollegen und schließlich sogar die Abteilungsleiterin nachfragten, ob ich mich nicht bewerben wolle, stimmte ich zu.

Wieso hast du so gezögert, obwohl das nicht nur *die* Chance für dich war, sondern dir auch noch alle zugeraten haben?

Chance hin oder her: Ich hatte einfach zu viele Zweifel, ob ich es schaffen würde. Mir waren meine Wissenslücken mehr als bewusst. Auch als ich mich schließlich bewarb, habe ich deutlich gesagt, dass ich nicht sicher sei, ob ich qualifiziert genug bin. Außerdem brauchte ich wegen meiner Tochter die Zusage, auch von zu Hause aus arbeiten zu können. Nachdem auch das kein Problem war, sprang ich über meinen Schatten und versuchte es.
Die ersten drei Monate waren die absolute Hölle – niemand arbeitete mich ein und ich wusste überhaupt nicht, was ich eigentlich tat oder woher ich die Informationen nehmen sollte, die jeder von mir wollte. Das Schlimmste war allerdings, dass ich gar nicht mehr mit Bildern zu tun hatte als vorher. Es ging mir total schlecht, ich fühlte mich als völliger Versager.
Als die drei Monate Probezeit fast vorbei waren, war ich nahe dran zu kündigen. Meine Chefin bat mich zu bleiben und dann änderten sich auch die Arbeitsbedingungen und Strukturen. Ich wurde sattelfest in meinem Job und meine Leistungen wurden anerkannt. Interne Veränderungen führten außerdem dazu, dass meine Funktion innerhalb des Unternehmens wichtiger wurde – und plötzlich waren wir „Creative Researcher" innerhalb der Firma eine Art Elitetruppe.

Warum war diese Stelle dein Traumjob?

Sie war mein Traumjob, weil

- ➔ ich zahlreiche Fähigkeiten entwickelte, die ich brauche, um heute gute Chancen auf dem Arbeitsmarkt zu haben;
- ➔ ich in einem visuellen, kreativen Bereich arbeiten konnte;
- ➔ ich mein „Hirn“ gebrauchen und mich in „intellektuelle“ Bereiche vertiefen konnte;
- ➔ ich in der Lage war, mir meine Zeit so einzuteilen, dass es für mich und meine Tochter passte.

Meine Stärken werden nun gewürdigt – und da die Stelle nach einer firmeninternen Umstrukturierung praktisch zu einer ganz neuen Position wurde, gibt es keine festen Vorgaben, wie die Dinge zu laufen haben. Außerdem verdiene ich gutes Geld.

Warum ist es nach einigen Jahren Praxis nicht mehr dein Traumjob?

Die Realität des „Big Business“ hat mich eingeholt. Es ist einfach nicht meine Welt. Ich strebe immer danach, die beste Leistung zu bringen – aber karrieregeil bin ich nicht. Und mich über meine Arbeit definieren möchte ich auch nicht. Letztes Jahr wurde mir klar, dass ich innerhalb meiner Firma so weit gekommen bin, wie ich wollte. Ich will nicht noch mehr Verantwortung haben – auch nicht für ein sehr hohes Gehalt. Alles, was ich wollte (und mehr), habe ich gelernt. Darum hat diese Phase in meinem Leben ihren Zweck erfüllt.

Ein anderer Grund, dass es nicht mehr mein Traumjob ist, liegt darin, dass ich etwas Sinnvolleres tun möchte. Wenn ich so viel Zeit mit der Arbeit verbringe, möchte ich idealerweise etwas tun, das einen Unterschied macht – nicht nur für mich, sondern auch für andere.
Mein Beruf macht Spaß und ist spannend, aber ich habe bemerkt, wie leer er eigentlich für mich ist. Es läuft darauf hinaus, dass ich mir all diese tiefen Gedanken mache, nur um Werbeagenturen reicher zu machen. Sorry, das ist es nicht, wozu ich beitragen möchte!

Was hast du für künftige Bewerbungen gelernt?

Grundsätzlich würde ich sagen: Es geht um eine Kombination aus Mut, die richtigen Entscheidungen treffen, und Glück, zumindest was mich betrifft. Und man sollte sich darüber klar werden, was man in einem bestimmten Lebensabschnitt wirklich will oder braucht – wenn du das nicht weißt, wie willst du denn erkennen, wenn sich eine Chance auftut?
Der Arbeitsmarkt ist momentan sehr viel schwieriger als damals. Wenn ich mich heute mit den Fähigkeiten und Kenntnissen, über die ich vor einigen Jahren verfügt habe, für meinen jetzigen Job bewerben würde, könnte ich die Anforderungen in keiner Weise erfüllen. Aber mit meinem heutigen Können bin ich sehr viel wettbewerbsfähiger als früher. Ich habe mich noch nicht großartig damit beschäftigt, eine Firma zu finden, die meine Anforderungen an einen „menschlich wertvollen" Job erfüllt, aber ich denke, dass mein ungewöhnlicher Lebenslauf sehr viel für mich spricht. Und wenn nicht: Ich würde nicht für eine Firma arbeiten wollen, die das nicht anerkennt.

Erfülle ich die Voraussetzungen?

Den ersten Schritt haben Sie getan: Sie wissen, in welche Richtung Sie gehen wollen, wie Ihr Traumjob inhaltlich aussieht und auf welche Rahmenbedingungen Sie Wert legen. Bevor Sie loslegen und konkrete Schritte einleiten – oder ein Angebot annehmen, das Sie gerade bekommen haben und das Ihren Vorstellungen nahe kommt –, sollten Sie Ihre Fähigkeiten und Kompetenzen unter die Lupe nehmen. Lassen Sie sich nicht dazu verleiten, sich leichtfertig und euphorisch in Ihren Traumjob zu stürzen. Natürlich spielen Motivation, Interesse und Begeisterung eine enorme Rolle und haben Einfluss darauf, wie erfolgreich man in seinem Beruf ist. Aber wenn wichtige Voraussetzungen nicht in ausreichendem Maße vorhanden sind oder gar fehlen, kann das fatale Auswirkungen haben. Der Traumjob wird leicht zum Alptraum, wenn man ihn zwar bekommt, aber schnell an seine Grenzen stößt und den Erwartungen – den eigenen und denen der anderen – nicht gerecht werden kann. Nur wenn man festen Boden unter den Füßen hat und sich der Sache gewachsen fühlt, kann man sich wohl fühlen und Spaß an der Arbeit haben.

Die eigenen Kompetenzen unter die Lupe nehmen

Legen Sie die Messlatte ruhig ein Stück höher!

Damit keine Missverständnisse auftreten: Natürlich dürfen Sie die Messlatte höher legen und sich nach Herausforderungen umschauen. Die Herausforderungen sollten aber so sein, dass Sie eine echte Chance haben, sie gut zu meistern und mit den Aufgaben zu wachsen. In diesem Kapitel geht es um folgende drei Schritte:

- → Bestandsaufnahme machen
- → Anforderungen abchecken
- → Defizite ausgleichen

Dieses Kapitel hilft Ihnen, detailliert Klarheit über Ihre persönlichen Eigenschaften und fachlichen Fähigkeiten zu gewinnen. Ein Aspekt ist Ihre gewissenhafte Selbsteinschätzung. Sehr hilfreich ist jedoch auch die Fremdbeurteilung. Fragen Sie in Ihrem beruflichen und privaten Umfeld nach, wie man Sie sieht: Was finden die Menschen, mit denen Sie zu tun haben, gut an Ihnen, was bewundern sie, was finden sie weniger gut, wo würden sie sich ein anderes Verhalten wünschen?

Bestandsaufnahme machen

Lernen Sie sich selbst möglichst genau kennen: Ihre Fähigkeiten und Vorlieben, Ihre Talente und Ihre weniger starken Seiten. Auf dieser Basis können Sie dann bewusst und verantwortungsvoll entscheiden, inwieweit Sie Ihrem Traumjob gewachsen sind und wo Sie Lücken haben, die Sie schließen sollten.
Egal ob Sie sich selbstständig machen, einen neuen Arbeitgeber suchen oder sich innerhalb Ihres jetzigen Unternehmens umorientieren und neue Wege gehen wollen, die Selbstanalyse ist eine wunderbare Möglichkeit und eine wichtige Grundlage, um von sich selbst überzeugt zu sein und so auch überzeugend auftreten zu können.

Mit Selbstanalyse zu einer guten Entscheidungsgrundlage

Nehmen Sie sich Zeit und machen Sie sich – am besten schriftlich – Gedanken darüber, was in Ihnen steckt und was Sie alles zu bieten haben.
Machen Sie sich alle Ihre fachlichen Kompetenzen klar. Hier einige Anregungen, womit Sie sich beschäftigen sollten:

Wissen

→ Was haben Sie in Schule, Ausbildung und Studium gelernt? Für welche Fächer/Bereiche haben Sie sich immer schon besonders interessiert?

→ Wo waren Sie besonders erfolgreich, wo weniger?

- Wie gut ist Ihr Allgemeinwissen?

- Für welche Bereiche haben Sie ein besonderes Interesse? Worüber lesen und informieren Sie sich in erster Linie?

- Gibt es Themen, in denen Sie sich autodidaktisch weiterbilden?

- Welche Kurse, Vorträge usw. haben Sie in den letzten Jahren besucht?

- Welche Fremdsprachen sprechen Sie und auf welchem Niveau?

Fachliches Know-how

- Welches fachliche Know-how haben Sie im Laufe Ihrer Ausbildung/Ihres Studiums erworben?

- Welche fachlichen Kompetenzen haben Sie sich in Ihrem bisherigen Berufsleben angeeignet?

- Welche Fachbereiche interessieren Sie am meisten?

- Wo haben Sie Ihrer Meinung nach Defizite? Welche Lücken müssten Sie schließen? Wo möchten Sie noch besser werden?

Praktische Fertigkeiten

- Welche praktischen Erfahrungen haben Sie sich bisher angeeignet, angefangen von der ersten beruflichen Station bis heute?

→ Wo liegen Ihre besonderen Begabungen? Was geht Ihnen besonders leicht von der Hand?

____

→ Was fällt Ihnen schwer? Was mögen Sie gar nicht?

____

→ Worin sind Sie wirklich gut?

____

→ Wofür wurden Sie gelobt? Was bewundern andere an Ihnen?

____

→ Gibt es praktische Fertigkeiten, die Sie sich in Ihrer Freizeit angeeignet haben?

____

Persönlichkeit

Die Persönlichkeit zählt.

Egal zu welchem Bereich Ihr Traumjob gehört und ob Sie alleine oder in einem Unternehmen arbeiten wollen – die Persönlichkeit zählt. Deshalb sollten Sie sich selbst möglichst gut kennen (lernen).
Beschäftigen Sie sich intensiv mit Ihren persönlichen Kompetenzen. Hier einige Anregungen:

→ Was für ein Mensch sind Sie? Wie würden Sie Ihren Charakter beschreiben?

____

→ Was mögen Sie an sich selbst? Worauf sind Sie stolz?

____

→ Inwiefern wären Sie lieber ganz anders?

____

→ Was schätzen andere an Ihnen? Was weniger?

____

→ Inwiefern sind Sie ein wertvoller Mitarbeiter/Kollege?

____

→ Wo liegen Ihre Stärken?

Zu diesen Fragen zwei Hilfestellungen

(1) Es gibt Menschen, die sich schwer damit tun, die eigenen Fähigkeiten auf den Punkt zu bringen – oder sie überhaupt zu erkennen. Weil sie mit Sprüchen wie „Eigenlob stinkt" oder „Sei sittsam, bescheiden und rein. Nicht wie die stolze Rose, die immer bewundert will sein" aufgewachsen sind. So etwas prägt häufig bis ins Erwachsenenalter. Wenn Ihnen also die Beantwortung einiger dieser Fragen schwer fällt, nutzen Sie das als Chance, um etwas genauer hinzusehen. Sie können nur davon profitieren. Nehmen Sie bewusst wahr, womit Sie sich schwer tun: Ist es die Frage an sich oder nur die Formulierung? Haben Sie beispielsweise ein Problem mit dem Wort „stolz" und fühlen sich wohler damit, etwas „gern zu mögen" oder zu „schätzen"? Formulieren Sie die Frage gegebenenfalls so um, dass Sie besser damit zurechtkommen – machen Sie sich jedoch Gedanken darüber, warum es so ist.

Eigenlob stinkt überhaupt nicht!

(2) Möglicherweise tendieren Sie dazu, Ihre eigenen Stärken nicht zu sehen. Ein guter Hinweis darauf ist, wenn Sie besonders bei den „negativen" Fragen (was fällt Ihnen schwer, was mögen andere an Ihnen nicht) leicht antworten können und problemlos Seite um Seite füllen, während Sie bei Fragen nach Stärken oder positiven Eigenschaften ins Stocken geraten.

Es ist sehr weit verbreitet, dass Menschen ihre Stärken als selbstverständlich betrachten und nicht zu schätzen wissen. Vielleicht sind Sie ein guter Zuhörer, empfinden das jedoch als etwas völlig Normales und gar nicht als Stärke und eine Eigenschaft, die Sie auszeichnet. Hier kann Feedback von anderen Menschen sehr hilfreich und erhellend sein.

Feedback von außen kann hilfreich sein.

Die Anforderungen abchecken

Um sich und Ihre vorhandenen Fähigkeiten realistisch einschätzen zu können, müssen Sie wissen, welche Anforderungen der angepeilte Job stellt. Egal ob es sich um eine konkrete

Stelle oder ein allgemeines Berufsbild handelt: Gehen Sie den Dingen auf den Grund. Machen Sie sich klar, was man braucht, um den Traumjob gut zu machen beziehungsweise um überhaupt eine Chance zu haben, als viel versprechender Kandidat gesehen zu werden.

Auch wenn Sie innerhalb Ihres Unternehmens die Chance bekommen, Ihren Traumjob auszuüben: Finden Sie möglichst viel darüber heraus, welche Anforderungen er mit sich bringt. Nur weil Sie schon lange bei Ihrer Firma sind oder weil Ihr Chef von Ihren Qualitäten absolut überzeugt ist, heißt das nicht automatisch, dass Sie dem neuen Job gewachsen wären. So ging es beispielsweise einer Juristin, die in eine Führungsposition befördert wurde – was sie sich immer gewünscht hatte – und sich dann hoffnungslos überfordert fühlte. Sowohl ihr Chef als auch sie selbst hatten versäumt, im Vorfeld darüber zu sprechen, was der neue Job mit sich bringen und von ihr verlangen würde. Mittlerweile schaut sie sich nach einer anderen Aufgabe um.

Lange Firmenzugehörigkeit bedeutet nicht automatisch, dass Sie jedem internen Job gewachsen sind.

Klären Sie, welche Anforderungen Ihr Traumjob an Sie stellt und wo Sie möglicherweise Defizite haben:

Fachwissen

→ Welches fachliche Know-how ist unabdingbar?

→ Welches Fachwissen ist wünschenswert, kann aber auch nachträglich erworben werden?

→ Welches Know-how haben Sie und welches fehlt Ihnen?

Praxiserfahrungen

→ Wie viel und welche Art von Praxiserfahrung wird vorausgesetzt?

____

→ Inwieweit erfüllen Sie diese Voraussetzung? Können Sie ein Defizit durch andere Fähigkeiten oder persönliche Eigenschaften wettmachen?

____

Fähigkeiten

→ Welche Fähigkeiten sind ein absolutes Muss?

____

→ Welche Fähigkeiten sind wünschenswert, aber nicht unbedingt vom ersten Tag an erforderlich?

____

→ Wie schätzen Sie sich selbst ein? Welche Voraussetzungen erfüllen Sie und welche weniger?

____

Persönlichkeit

→ Welche persönlichen Kompetenzen werden gefordert?

____

→ Über welche verfügen Sie und über welche weniger?

Während die fachlichen Anforderungen meist recht eindeutig sind, bleiben die persönlichen Kompetenzen oft eher unklar. Beschäftigen Sie sich intensiv mit unklaren und allgemeinen Begriffen wie „gute soziale Kompetenz", „ausgeprägte Kommunikationsfähigkeit", „hohe Führungsqualitäten" usw. Definieren Sie, was die Begriffe für Sie bedeuten und wie sich beispielsweise Ihre Kommunikationsfähigkeit im Arbeitsalltag bemerkbar macht. Finden Sie heraus, inwieweit Ihre Definition mit der des Unternehmens übereinstimmt. So minimieren Sie das Risiko, dass von ganz unterschiedlichen Dingen gesprochen wird und Sie unangenehme Überraschungen erleben werden.

Persönliche Kompetenzen sind häufig nicht ganz klar.

Ja, das kann passieren: Sie stellen fest, dass Sie wesentliche Voraussetzungen für Ihren Traumjob nicht erfüllen. Vielleicht fehlt Ihnen das erforderliche Fachwissen, vielleicht haben Sie noch keinerlei Erfahrungen in der Führung von Mitarbeitern. Wichtig ist, dass Sie Ihre Defizite erkennen und dann aktiv werden, um sie auszugleichen, oder – auch das ist natürlich eine Möglichkeit – einsehen/realisieren, dass der vermeintliche Traumjob doch nicht das Richtige für Sie ist.

Defizite ausgleichen

Manchmal muss man seine Ziele etwas verschieben.

Im Prinzip gibt es zwei Möglichkeiten: Entweder verschieben Sie die konkreten Schritte zur Realisierung Ihres Traumjobs (Stellensuche, Bewerbung, eigene Firma gründen usw.) und konzentrieren sich darauf, Ihre Lücken zu füllen. Oder Sie starten durch und kümmern sich parallel und kontinuierlich um den Ausgleich Ihrer Defizite. Welcher Weg sinnvoll und richtig ist, hängt natürlich davon ab, welcher Art und wie groß die Lücken sind. Wenn Sie eine höhere Führungsposition anstreben und noch nie Personalverantwortung gehabt haben, sollten Sie zunächst ein paar Jahre Erfahrung als Teamleiter sammeln. Wenn Ihre Sprachkenntnisse nicht gut genug sind, können Sie möglicherweise die Stelle antreten und gleichzeitig einen Kurs besuchen – das hängt natürlich von der jeweiligen Aufgabe ab.

Das breit gefächterte Weiterbildungsangebot nutzen

Es gibt eine Reihe von Möglichkeiten, wie Sie sich weiterbilden und die nötigen Kompetenzen aneignen können, von Kursen (Präsenzseminare, Fernkurse, Online-Kurse im Internet) über Coaching und Mentoring bis hin zu autodidaktischer Fortbildung.

Welche Variante auch immer Sie wählen: Planen Sie konkrete Schritte – und bleiben Sie dran.

Auf andere hören?

Gerade in Phasen des Umbruchs und der Neuorientierung können Meinungen, Erfahrungen und Feedback von anderen sehr wichtig und hilfreich sein. Voraussetzung dafür ist allerdings, dass man offen und auch kritisch mit dem Input umgeht, also weder die Ansichten anderer unreflektiert übernimmt noch all das einfach abblockt, was man vielleicht nicht so gerne hört.

Wenn es um den Traumjob geht, lassen sich viele Menschen leicht durch die Vorstellungen anderer beeinflussen: von der Familie, von Freunden, Bekannten und Kollegen, aber auch von Trends und vom Zeitgeist. Natürlich ist es gut und hilfreich, sich inspirieren zu lassen und zu wissen, welche Möglichkeiten und Chancen es überhaupt gibt. Doch die Entscheidung, wie Ihr Traumjob aussieht und welche Richtung wirklich die Ihre ist, sollten Sie selbst treffen – nachdem Sie sich klar gemacht haben, welche Potenziale in Ihnen schlummern und was Sie wirklich gut und gerne machen.

Viele lassen sich in puncto Traumjob leicht von anderen beeinflussen.

Bestimmt gibt es Menschen, die Ihnen nahe stehen und die von Ihrer Entscheidung unmittelbar betroffen sein werden, beispielsweise der Partner oder die Familie. Natürlich hat nicht jede Neuorientierung gleich gravierende Auswirkungen. Es macht einen Unterschied, ob Sie „nur" in eine andere Abteilung wechseln und ein neues Aufgabenfeld übernehmen oder ob Sie die Abende und Wochenenden damit verbringen werden, zu studieren und sich auf Ihre Prüfungen vorzubereiten, oder sich gar selbstständig machen wollen, was meistens eine große Umstellung für alle Betroffenen bedeutet. Welchen Weg Sie auch gehen wollen: Beziehen Sie auf jeden Fall diejenigen Menschen in den Entscheidungsprozess mit ein, die Ihnen nahe stehen und mit denen Sie sehr viel zu tun haben.

Im Prinzip lassen sich die Rückmeldungen aus Ihrer Umgebung, bei denen Vorsicht geboten ist, in folgenden Kategorien zusammenfassen:

Manchmal ist Vorsicht geboten, wenn es um das Feedback anderer geht.

- ➔ Pessimistische Prognosen und Schwarzmalerei
- ➔ Gut gemeintes Schönreden und Anfeuern

Pessimistische Prognosen und Schwarzmalerei

Sie sollten nicht erwarten, dass Sie von allen Seiten nur Zustimmung bekommen werden, wenn Sie voller Elan über Ihre beruflichen Zukunftspläne sprechen oder andeuten, dass Sie etwas verändern und sich neu orientieren möchten. Zum einen gibt es Menschen, die immer schwarz sehen und all das ins Feld führen, was dagegen spricht und schief laufen könnte. Da heißt es dann zum Beispiel:

- ➔ Das geht bestimmt nicht, weil …
- ➔ Die nehmen dich doch nie, als Quereinsteiger hast du keine Chance.
- ➔ Selbstständig? Das heißt, du arbeitest selbst und ständig – und wenn du mal krank bist, hast du Pech gehabt!

„Das kannst du nicht, das schaffst du nicht, lass es sein!"

Zum anderen gibt es Menschen, die sehr auf Sicherheit bedacht sind und lieber an einem wenig erfüllenden Job festhalten, als Alternativen auch nur in Erwägung zu ziehen:

- ➔ Du kannst doch nicht ernsthaft daran denken, deinen guten und sicheren Job aufzugeben!

Wahrscheinlich werden Sie auch von dieser Seite wenig Unterstützung für Ihre Überlegungen und Pläne bekommen.

!

Lassen Sie sich von Bedenken anderer nicht entmutigen und frustrieren. Sie sollten auch nicht sauer auf Ihr Gegenüber sein, sondern jede Art von Feedback willkommen heißen und unter die Lupe nehmen. Haben Sie sich mit den angesprochenen Konsequenzen und Nebeneffekten schon genügend auseinander gesetzt? Hat der pessimistische Bekannte möglicherweise einen Aspekt ins Spiel gebracht, der Ihnen bisher gar nicht bewusst war? Nehmen Sie negatives Feedback als Chance, um Ihre Vorstellungen kritisch zu hinterfragen und Ihre Pläne auf Schwachstellen abzuklopfen.

Gut gemeintes Schönreden und Anfeuern

„Was die kann, kannst du schon lange."

Keine Frage: Es ist schmeichelhaft und angenehm, wenn einem andere vieles zutrauen und die eigenen Zukunftspläne (total) gutheißen. „Das ist ja überhaupt keine Frage, dass du das schaffst. Die Frau Meier ist schon vor zwei Jahren Abteilungsleiterin geworden, und was die kann, kannst du schon lange!"

Aber unkritisches Feedback hilft Ihnen nicht wirklich weiter. Ob nun Ihr Gegenüber Ihnen nur schmeicheln will oder tatsächlich von Ihren Qualitäten überzeugt ist – Sie tun sich selbst keinen Gefallen, wenn Sie sich von Komplimenten und Erwartungen anderer leiten oder von ihnen unter Druck setzen lassen. Ihre tatsächlichen Fähigkeiten und die Anforderungen des von Ihnen angepeilten Traumjobs können nur Sie wirklich beurteilen. Es gibt gar nicht wenige Leute, die sich von anderen zu bestimmten Jobs oder Karrieresprüngen animieren lassen, obwohl sie selbst nicht wirklich davon überzeugt sind. Das Gefühl, überfordert zu sein und den Herausforderungen nicht gerecht zu werden, macht den Arbeitsalltag sehr schwer und unbefriedigend – egal wie erstrebenswert Dritte den eigenen Beruf auch einschätzen mögen.

Werfen Sie nicht gleich die Flinte ins Korn!

Natürlich ist es ebenso wichtig, nicht sofort die Flinte ins Korn zu werfen und sich näher mit Ihren eigenen Bedenken auseinander zu setzen: Denn die Befürchtung, überfordert zu sein oder den Anforderungen nicht gerecht zu werden, kann durchaus eine Fehleinschätzung Ihrer selbst sein.
Vorsicht auch vor leichtfertigen Urteilen: „Das schaffst du schon irgendwie. Da wächst man mit der Zeit einfach rein.“ Lassen Sie sich nicht dazu verleiten, die Einschätzungen anderer Leute unreflektiert anzunehmen – auch wenn sie Ihnen noch so gelegen kommen. Wie gesagt: Der Traumjob kann schnell zum Alptraum werden, wenn Sie an Ihre Grenzen kommen und Ihre Defizite offensichtlich werden.

Betrachten Sie das Feedback immer auch im Zusammenhang

Ordnen Sie Feedback richtig ein – indem Sie auch die Quelle berücksichtigen.

Feedback – ob positives, neutrales oder negatives – können Sie nur dann richtig einordnen, wenn Sie berücksichtigen, von wem und in welcher Situation es kommt.
Sicherlich haben Sie ein recht gutes Gefühl dafür, welcher Ihrer Freunde und Bekannten eher vorsichtig, risikofreudig, positiv oder negativ eingestellt ist. Und bestimmt haben Sie sich das – bewusst oder unbewusst – auch schon zunutze gemacht. Häufig holt man sich auf diese Weise das Feedback, das man selbst hören möchte.

(1) Die mit ihrer beruflichen Situation unglückliche Sales Managerin holt sich das Feedback einer früheren Kollegin: Sie weiß, dass diese ihr raten wird, zu kündigen und sich eine neue Stelle zu suchen. Die Ratsuchende traut sich nicht, von sich aus die entsprechenden Schritte einzuleiten – und lässt sich von einem Außenstehenden den Rücken stärken.

(2) Die Bankkauffrau, die sich selbstständig machen möchte, aber eigentlich Angst davor hat, holt sich ihr Feedback bei Bekannten, die eher vorsichtig bis negativ eingestellt sind. Auf diese Weise kann sie ihre Entscheidung immer wieder verzögern beziehungsweise schließlich ganz aufgeben: Denn man rät ihr ja allgemein ab.
(3) Die Angestellte im öffentlichen Dienst möchte in die freie Wirtschaft wechseln. Ihre Mutter rät ihr ab: Immerhin bietet der Staat Arbeitsplatzsicherheit. Der Verdienst ist zwar nicht so hoch, aber lieber den Spatz in der Hand als die Taube auf dem Dach. Der Fall ist klar: Die Mutter sorgt sich um ihre Tochter und deren gesicherte Existenz.

Auch die Situation kann Meinungen verändern.

Mit der „Situation“ ist gemeint, dass Sie auch auf das gesamte Drumherum achten. Stellen Sie sich vor, mehrere Leute sitzen zusammen und sprechen über das Arbeitsleben. Der Tenor lautet: Es ist sehr schwer oder fast unmöglich, derzeit eine gute Stelle zu finden. Während der Diskussion erzählen Sie: „Ich habe meine Position jetzt gekündigt und möchte mich in eine neue Branche orientieren.“ Die Grundstimmung ist hier bereits stark negativ gefärbt und die Wahrscheinlichkeit sehr groß, dass Ihnen jeder abraten oder Sie gar für verrückt erklären wird.
Oder Sie treffen einen Bekannten in der U-Bahn und erwähnen beiläufig, dass Sie sich selbstständig machen möchten. In solchen Zwischen-Tür-und-Angel-Gesprächen wird das Feedback wahrscheinlich nicht besonders aussagekräftig und hilfreich ausfallen.

Komplimente sind toll! Freuen Sie sich – und bleiben Sie realistisch.

Freuen Sie sich über Komplimente und positives Feedback, aber bleiben Sie realistisch und selbstkritisch. Schließlich wollen Sie Ihren Job gut machen und nicht daran zweifeln, dass Sie den Erwartungen gerecht werden können.
Das soll nicht heißen, dass Sie sich für die Meinung anderer überhaupt nicht interessieren und alles im Alleingang machen

sollen. Ganz im Gegenteil: Tauschen Sie sich mit anderen Menschen aus, um etwas von ihnen zu lernen und sich selbst besser einschätzen zu können. Fragen Sie nach, was andere an Ihnen gut finden und was sie Ihnen zutrauen. Finden Sie heraus, wo nach Meinung anderer Ihre Defizite liegen und was Sie unbedingt verbessern sollten. Sprechen Sie mit Leuten, die den von Ihnen angestrebten Beruf ausüben, um möglichst viel darüber herauszufinden. Profitieren Sie vom Input anderer, um Ihren eigenen Weg zu gehen.

Wichtig ist nur, dass Sie sich nicht entmutigen und von Ihrem Weg abbringen lassen – oder die Vorstellungen anderer, was Ihr Traumjob ist und zu Ihnen passt, leichtfertig und unkritisch übernehmen.

Pro und Contra abwägen

Häufig wird geraten, die eigenen Überlegungen und auch das Feedback anderer in Form einer Pro-und-Contra-Liste aufzuschreiben. Denn auf diese Weise sehe man sofort, was für und was gegen die Entscheidung spreche und was zu tun sei.

Pro-und-Contra-Listen kann man leicht manipulieren.

So gut der Tipp ist, sich schriftlich einen Überblick zu verschaffen, und so hilfreich es sein kann, mit einer solchen Liste zu arbeiten: Nur wenn man die aufgelisteten Punkte auch richtig gewichtet, kann man wirklich davon profitieren. Achten Sie darauf, dass Sie sich nicht selbst manipulieren und nur Ihre schon feststehende Meinung mit „Beweisen" untermauern wollen, beispielsweise indem Sie auf der Pro-Seite komplexe Themen zu einem einzigen Punkt zusammenfassen, aber auf der Contra-Seite die Punkte detailliert aufführen und dann die beiden Seiten gegeneinander abwägen.

Prüfen Sie Ihre Pros und Contras immer mit einem möglichst objektiven Blick und korrigieren Sie sie gegebenenfalls. Wenn Sie sich schwer mit der Gewichtung tun, bitten Sie einen Bekannten um Unterstützung.

Entscheidungen treffen und dranbleiben

Sie haben den ersten großen Schritt getan und das Fundament für Ihren weiteren Weg gelegt: Sie wissen, wie Ihr Traumjob aussieht, was Sie erwartet, was Sie zu bieten haben und welche Voraussetzungen Sie noch nicht (ganz) erfüllen. Immer wieder bleiben Menschen in dieser Phase stecken, lassen sich alles wieder und wieder durch den Kopf gehen und malen sich aus, wie schön es wäre, wenn sie den neuen Job bereits hätten. „Ich weiß, dass es jetzt endlich vorangehen sollte, aber im Moment habe ich einfach zu viel um die Ohren!“, heißt es dann nicht selten.

Abgesehen davon, dass man so seinem Ziel keinen Schritt näher kommt, ist die Gefahr sehr groß, dass es schnell an Attraktivität und Aktualität verliert. Und dann geht es dem Traumjob so wie den vielen guten Vorsätzen für das neue Jahr: Man arrangiert sich mit dem Gewohnten und verfällt schnell wieder in den üblichen Trott. Motivation und Energie, etwas zu verändern und konkret in die Wege zu leiten, gehen rapide zurück und die Wahrscheinlichkeit, dass Sie Ihren Traumjob auch wirklich ausüben werden, sinkt.

Nur wer Nägel mit Köpfen macht, erreicht seinen Traumjob.

Nur wenn Sie Nägel mit Köpfen machen und die Dinge aktiv anpacken, können Sie Ihre Vorstellungen in die Realität umsetzen. Damit Ihr Traumjob nicht nur ein Traum bleibt, ist es wichtig, dass Sie

- → den Weg zum Ziel planen,
- → sich Termine setzen und sie einhalten,
- → sich nicht entmutigen lassen.

Den Weg zum Ziel planen

Eine der wesentlichen Voraussetzungen, um Ihren Traumjob zu erreichen, ist, dass Sie den Weg dorthin planen, statt es dem Zufall zu überlassen, ob etwas passiert oder nicht. Nur wenn Sie wissen, wie der Aktionsplan aussieht, können Sie auch gezielt in Aktion treten. Ein Ziel kann noch so erstrebenswert, realistisch und gut durchdacht sein: Solange Sie sich nicht konkrete Gedanken darüber machen, welche Schritte sinnvoll sind und wie Sie vorgehen wollen, wird es mit sehr hoher Wahrscheinlichkeit beim guten Vorsatz bleiben.

Von bloßen Vorsätzen zur Verwirklichung

Angenommen Sie wollen innerhalb Ihres jetzigen Unternehmens in eine andere Abteilung wechseln. Dann sollten Sie Folgendes planen:

→ Ausgleich Ihrer Defizite (fachlich und persönlich)

→ Konkrete Schritte für den Wechsel

Ausgleich Ihrer Defizite (fachlich und persönlich)

Arbeiten Sie konsequent am Ausgleich von Defiziten.

Eine der Voraussetzungen für den von Ihnen angestrebten Job könnte zum Beispiel verhandlungssicheres Englisch sein. Ihre aktuellen Kenntnisse sind zwar gut, reichen aber nicht, um eine reelle Chance zu bekommen und der Aufgabe überhaupt gewachsen zu sein. Überlegen Sie sich, welche Art von Lerntyp Sie sind und wie Sie sich zeitlich organisieren wollen:

→ Ist ein Präsenzkurs das Richtige für Sie? Wenn ja, wie oft in der Woche, um welche Uhrzeit und bei welchem Institut? Entscheiden Sie sich und melden Sie sich für den Kurs an.

→ Kommt ein Fern- oder ein Internetkurs für Sie infrage? Wenn ja, bestimmen Sie feste Studienzeiten und halten Sie sich daran wie an andere Termine.

- Gehören Sie zu den Leuten, die ihre Sprachkenntnisse nur vor Ort verbessern können? Dann machen Sie sich schlau und planen Sie einen Sprachurlaub ein.

Konkrete Schritte für den Wechsel

Vielleicht wissen Sie, dass in absehbarer Zeit eine Stelle in der betreffenden Abteilung frei wird, vielleicht gibt es keinen aktuellen Bedarf an einem neuen Mitarbeiter. Wie auch immer: Überlegen und planen Sie, wie Sie vorgehen wollen. Sie können beispielsweise entweder abwarten, bis die Stelle offiziell ausgeschrieben wird, und sich dann darauf bewerben oder mit den zuständigen Vorgesetzten über Ihre Pläne und Ziele schon vorher sprechen.

Das Gespräch mit Vorgesetzten ist durchaus anzuraten. Denn damit zeigen Sie nicht nur Ihr Interesse, sich innerhalb der Firma weiterzuentwickeln, sondern Sie geben Ihrem Vorgesetzen und sich selbst überhaupt erst die Möglichkeit, Ihre interne Karriere zu planen und gemeinsam zu verfolgen. Sonst kann es passieren, dass eine Position frei wird und niemand an Sie denkt, weil keiner auf die Idee kommt, dass Sie interessiert sein könnten. Oder – was auch immer wieder vorkommt – die freie Stelle wird gar nicht intern ausgeschrieben, sondern die suchende Abteilung platziert gleich eine externe Stellenanzeige oder beauftragt einen Personalvermittler.

Sich Termine setzen und sie einhalten

Setzen Sie sich selbst Termine – und halten Sie sie auch ein!

Es ist sehr sinnvoll und hilfreich, die geplanten Schritte zeitlich festzulegen und mit Deadlines zu arbeiten. Zum einen behalten Sie so den Überblick und wissen genau, was auf Sie zukommt. Zum anderen können Sie eindeutig und jederzeit nachvollziehen, wie Sie vorankommen, welche Fortschritte Sie machen und wo Sie stehen. Sie sehen, wenn Sie in Verzug gera-

ten oder Teilziele nicht erreichen, und können sofort reagieren. Machen Sie einen umgekehrten Zeitplan: Schreiben Sie Ihr jeweiliges Ziel ganz oben hin und legen Sie fest, zu welchem Zeitpunkt Sie es erreicht haben wollen. Und dann gehen Sie rückwärts und tragen die einzelnen Schritte ein, die für die Erreichung des Zieles notwendig sind, und zwar in der entsprechenden Reihenfolge und jeweils mit einem Termin.
Hier ein grobes Beispiel dafür:

Beginn der Selbstständigkeit: Eröffnung des Büros	Mai 2007
Einrichtung der Räume (Möbel, Technik usw.)	April 2007
Anmeldung bei Behörden (Finanzamt, Gewerbeamt usw.)	März 2007
Druckaufträge für Briefpapier, Visitenkarten usw.	Februar 2007
Bestellen der Möbel, Telefonanlage usw.	Januar 2007
Suche von Räumlichkeiten	Dezember 2006
Kurse für Selbstständige beim Arbeitsamt belegen	Februar, Mai und Oktober 2006
Kündigung beim derzeitigen Arbeitgeber	Juni 2006

Am besten tragen Sie die Deadlines in Ihren Terminkalender oder in ein anderes Zeitplanungsinstrument ein, damit Sie Ihre Ziele nicht aus den Augen verlieren.

Setzen Sie sich die Teilziele so, dass Sie sie auch erreichen können.

Setzen Sie sich realistische Ziele. Es kann sein, dass sich Ihr Wunschtermin nicht realisieren lässt. Wenn jemand in Englisch nur Schulkenntnisse hat, aber innerhalb von vier Monaten perfektes Business-Englisch sprechen möchte, dann wird's eng – es sei denn, jemand ist äußerst begabt und kann extrem viel Zeit in das Studium investieren. Sie sollten lieber Ihr Wunschdatum verlegen, als sich selbst zu frustrieren, weil Ihr Ziel einfach nicht schneller erreicht werden kann.

Sich nicht entmutigen lassen

Vielleicht können andere gar nicht verstehen, warum Sie sich unbedingt weiterentwickeln wollen und so viel Zeit und Energie für Ihr Ziel aufwenden. Oder sie teilen Ihre Vorstellungen vom Traumjob überhaupt nicht. Natürlich ist es leichter, am Ball zu bleiben, wenn man von allen Seiten unterstützt und bestärkt wird. Aber wenn Sie überzeugt sind, auf dem richtigen Weg zu sein, sollten Sie sich nicht davon abbringen lassen, nur weil andere Ihre Meinung nicht teilen.

Auf wenig Verständnis stößt man vor allem dann, wenn der angestrebte Job im landläufigen Sinne einen „Abstieg“ bedeutet und man beispielsweise weniger verdient als vorher oder eine einflussreiche Position aufgibt.

Wer sich sicher ist, kann Unkenrufen trotzen.

Ein Manager in einem großen Unternehmen hat ein leidenschaftliches Interesse für Fahrräder. Er hat sich ein breites Know-how angeeignet, arbeitet gerne mit seinen Händen und repariert in seiner Freizeit Fahrräder. Nach vielen Jahren als Angestellter gibt er seine hoch dotierte Position – allen Unkenrufen zum Trotz – auf und macht sich mit einem eigenen kleinen Fahrradgeschäft selbstständig.

Manchmal lässt man sich auch von sich selbst entmutigen. Natürlich ist der Weg zum Ziel anstrengend und erfordert Engagement und Durchhaltevermögen. Vielleicht kommen Sie immer mal wieder an einen Punkt, an dem Sie aufgeben möchten. Möglicherweise fragen Sie sich, ob sich das alles überhaupt lohnt und warum Sie sich die ganze Arbeit antun; ob Sie es überhaupt schaffen werden; warum Sie nicht einfach bei dem Job bleiben, den Sie schon haben und kennen. So schlimm kommt er Ihnen dann doch nicht mehr vor.
Ja, Selbstzweifel und Unsicherheit sind ganz normal. Auch Bequemlichkeit und der Impuls, am Vertrauten und Bekannten festhalten zu wollen, können auf den Plan treten. Setzen Sie sich mit Ihren negativen Empfindungen auseinander. Lassen Sie sich nicht von ihnen bestimmen, aber drängen Sie sie auch nicht einfach weg. Reden Sie eventuell mit anderen darüber, sprechen Sie Ihre Gedanken und Bedenken an. Oft genügt es, über etwas zu sprechen, um wieder klarer zu sehen und die Situation realistisch zu betrachten. Auf etwas hinzuarbeiten kostet immer Energie und Engagement.

!

Wenn Sie sich oft unwohl fühlen und Ihre Unsicherheit nicht nachlässt, sollten Sie nicht einfach weitermachen. Halten Sie inne, denken Sie über sich selbst und Ihren Weg nach. Analysieren Sie Ihre Situation und machen Sie sich klar, was passiert. Wenn der Widerstand bleibt, kann es sein, dass Sie einen Weg eingeschlagen haben, der nicht wirklich der richtige für Sie ist. Wenn Sie die Vorbereitungen scheuen, könnte es sein, dass der angepeilte Traumjob Ihnen gar nicht so viel wert ist. Dann sollten Sie von vorne anfangen und sich neu orientieren – besser jetzt abspringen, als irgendwo zu landen, wo es Ihnen nicht gefällt.

Kurskorrekturen sind absolut okay.

Wir schlagen Ihnen vor, dass Sie die für Sie relevanten Denkfragen/Übungen in diesem Buch bearbeiten und anschließend Ihren persönlichen Aktionsplan machen. Dabei hilft Ihnen folgende Vorgehensweise:

→ Schreiben Sie Ihre Entscheidungen und die konkreten Maßnahmen, die sich aus den Aufgaben ergeben, auf einen Zettel.

→ Ergänzen Sie die einzelnen Punkte jeweils durch detaillierte Aspekte. Hier kann die Methode des Mind Mapping sehr hilfreich sein. Dabei schreibt man das Thema, um das es geht, in die Mitte eines großen Papiers und entwickelt Assoziationsketten.

Auf der Internetseite www.zeitzuleben.de finden Sie eine Schritt-für-Schritt-Anleitung zum Thema „Mind Map“ (Suche-Funktion nutzen).
Schreiben Sie auch Befürchtungen und/oder mögliche Hindernisse auf. Diese können Sie dann separat durchdenken und Lösungen dafür finden.

→ Machen Sie jetzt Ihren Zeitplan: Denken Sie daran, dass es nicht darum geht, Ihren Traumjob so schnell wie möglich zu erreichen. Setzen Sie sich selbst nicht unter Druck. Wichtig ist, dass Sie Ihre Entscheidungen kontinuierlich umsetzen – schon ein Telefonanruf, der Sie Ihrem Ziel näher bringt, ist ein weiterer Schritt vorwärts.

Fazit
Damit der Traumjob nicht für immer ein Traum bleibt und Sie die Dinge aktiv anpacken können, ist es wichtig, dass Sie über folgende Punkte Klarheit gewinnen:

- → Wie sieht Ihr Traumjob überhaupt aus?
- → Welche Erwartungen haben Sie an den Job?
- → Welches Umfeld ist für Sie ideal?
- → Was haben Sie zu bieten (fachlich und persönlich)?
- → Wo liegen Schwächen und Defizite und wie können Sie sie ausgleichen?
- → Wie weit stimmen Ihre Vorstellungen vom Traumjob mit der Realität überein?

Auf dieser Grundlage können Sie sich klare Ziele setzen und konsequent auf ihre Erreichung hinarbeiten – und Sie lassen sich nicht so leicht wieder davon abbringen.

Traumjob Fernsehen

In der Medienbranche zu arbeiten ist für viele erklärter Wunschberuf, allem voran bei Film und Fernsehen. Wir haben mit Nike Oehme, TV-Journalistin aus Köln, über Vorstellungen, Klischees und die Realität gesprochen:

Du arbeitest in einem Beruf, der gemeinhin als Traumjob angesehen wird.

Ja, mehrmals pro Woche höre ich: „Oooch, ich will auch zum Fernsehen." Ich glaube, kein Beruf ist mit so viel Mythen behaftet.
Man muss ganz bestimmte Voraussetzungen mitbringen. Die Belastung ist sehr hoch. In meiner Ausbildung hieß es: „Wenn Sie im Laufe unseres Seminars finden, 18 Stunden Arbeit sind zu viel, machen Sie sich klar, dass Sie in Ihrem späteren Beruf auch mal 30 Stunden arbeiten werden. Wenn Sie meinen, ich sei hart zu Ihnen, machen Sie sich klar, dass

Chefs vom Dienst und Chefredakteure schlimmer sind. Und wenn Sie sich überfordert fühlen, machen Sie sich klar, dass dies sehr wahrscheinlich nicht der richtige Job für Sie ist."

Natürlich haben wir das damals nicht ernst genommen. Wir dachten: „Wie ist denn der drauf? Dem zeigen wir's!" Die Seminare hatten 20-Stunden-Tage und in fast jedem hatte einer von uns einen Nervenzusammenbruch. Im Nachhinein besehen hätte uns unser Leiter kaum einen größeren Gefallen tun können, um uns bereit zu machen für einen der schönsten, schlimmsten Jobs, die es gibt, und die vor einem großen Fehler zu bewahren, die nicht dafür geeignet sind.

Bei den Arbeitszeiten sind 10 Stunden normal, Überstunden auch – und sie werden selten abgegolten. Bei einem Dreh oder einem Schnitt sind auch mal 16 bis 20 Stunden normal. Mein Rekord liegt bei 68 Stunden Arbeit ohne Schlaf. Da fängt man an, Stimmen zu hören. Wer nicht stressbelastbar ist, sollte es sein lassen.

Wie ist das, wenn die Umwelt den beruflichen Alltag so verklärt?

Niemand, den ich kenne und der nicht mit den Medien zu tun hat, hat eine Ahnung, worum es bei diesem Job geht. Es gibt Vorurteile – oder nennen wir sie „Ignoranzen" –, mit denen ich immer wieder konfrontiert werde.

Ignoranz Nummer eins: Toll, dann bist du ja reich!

Falsch. Es gibt wie in allen Berufszweigen auch beim Fernsehen Leute, die viel Geld verdienen. Ich bin nicht reich, nur weil ich beim Fernsehen arbeite. In meinem derzeitigen Verhältnis werde ich pro gesendete Minute bezahlt. Das heißt: Es gibt gute Monate. Und es gibt Monate, da verdiene ich nichts. Wenn ich krank bin, Urlaub machen will oder wenn ich schwanger werden sollte, bekomme ich nichts. Unter dem Strich verdiene ich genauso viel – manchmal weniger – als Freundinnen gleichen Alters, die fest angestellt sind.

Ignoranz Nummer zwei: Toll, dann bist du ja berühmt!

Die häufigste Frage ist: „Wann kann ich denn dein Gesicht mal im Fernsehen sehen?" Die Antwort ist: nie. Eine Journalistin arbeitet nicht vor der Kamera, sondern dahinter. Die Leute vor der Kamera sind Moderatoren. Natürlich gibt es auch Sprecher, die gelernte Journalisten sind. Doch die meisten Journalisten bekommt man nicht zu sehen. Ich stehe auch in keinem Abspann.

Ignoranz Nummer drei: Toll, dann kannst du ja ...

Bei den drei Pünktchen kann man fast jeden beliebigen Nebensatz einflechten. Für die meisten gibt es „das Fernsehen" als Abstraktum. Wenn wir mit einem Team unterwegs sind, werden wir ständig angequatscht: „Wie komme ich denn ins Fernsehen?" – „Ich habe da eine tolle Idee für eine Quizshow." – „Ich will Schauspielerin werden." Oder auch: „Was macht Ihr denn hier?" Und sogar: „Also, was in der und der Sendung gelaufen ist, das war aber unter aller Sau, da muss ich jetzt aber mal ..." Und dabei ist es völlig egal, für welchen Sender wir gerade unterwegs sind. Für die meisten Leute bedeutet Kamera = Fernsehen allgemein.

Ignoranz Nummer vier: das Privatleben

80 Prozent der Medienleute, die ich kenne, haben medieninterne Beziehungen. Die Gründe: Die Arbeitszeiten, das

Engagement, die geistige Belastung sind etwas, das jemand außerhalb der Branche normalerweise nicht nachvollziehen kann. Wer sich diesen Beruf aussucht, muss entweder verdammt viel Glück haben … oder sein Privatleben zur Nebensache machen – wenn er überhaupt eins hat. Viele haben keines.

Diese immer wiederkehrenden Vorurteile können schon sehr an die Substanz gehen.

Du sagst, es ist ein toller Job und es kann gleichzeitig der schlimmste sein, den man haben kann.

Toll? Ja. Ich kann mich immer wieder mit neuen Themen befassen. Wenn ich meine Ordner des letzten Jahres mal so anschaue, finde ich da eine riesige Bandbreite: Stalking, Giftschlangen, Wachkoma, ein Einbruchstest, 0190er-Nummern, Tierschutz und, und, und. Immer wieder neue Themen mit immer wieder neuen Menschen – Gespräche, die man sonst nicht führen würde.

Viele denken, die Interviews mit Promis sind spannend. Dabei sind die Interviews mit ganz normalen Menschen, die etwas gefunden haben, das ihnen wichtig ist, viel spannender. Ich kann für eine kurze Zeit einen sehr intimen Einblick in das Leben eines Menschen erhalten, den sonst manchmal noch nicht einmal die besten Freunde oder die Familie haben.

Schlimm ist … manchmal lässt es sich einfach nicht verhindern, dass einem Geschichten und Schicksale nahe gehen. Oder auch, wenn man einen sorgfältig recherchierten Beitrag abgibt und die zuständige Fernsehredaktion, welche die Hintergründe längst nicht so gut kennt, ihn möglicherweise – quotengünstig – zusammenschneidet auf etwas, das gut ausschaut, aber nichts mehr mit dem ursprünglichen

Thema zu tun hat. Das ist bitter. Ich habe schon abends vor dem Fernseher gesessen und habe geheult, weil meine Arbeit so verfälscht wurde. Manchmal war ich kurz vor dem Aussteigen.
Dann sind da auch moralische Aspekte: Ich habe das unglaubliche Glück, einen Chef zu haben, der moralische Zweifel akzeptiert. Das ist aber in den wenigsten Redaktionen der Fall.
Grundsätzlich: Moral ist hinderlich in diesem Job. Zweifel sind hinderlich. Quoten sind alles und dem goldenen Quotenkalb wird Qualität ebenso gern geopfert wie Menschlichkeit. Ich bin immer noch dabei, weil es in meiner Firma anders ist.

Und wie kommt man jetzt zum Fernsehen?

„*Das* Fernsehen" gibt es nicht – und insofern kommt man auch nicht einfach nur „zum Fernsehen". Man sollte sich erst mal überlegen: „Was will ich denn nun genau machen?" Es gibt beim Fernsehen 735 Jobs, die man machen kann, vom Kabelträger bis zum Sendeleiter. Also: erst konkret werden, dann informieren.
Der Weg in den Journalismus, der für viele funktioniert, ist der, irgendetwas zu studieren und sich neben dem Studium die nötigen praktischen Erfahrungen anzueignen: Praktika, Auslandsaufenthalte etc. Was für ein Studiengang das ist, ist dabei relativ unerheblich. Es gibt aber auch viele Journalisten ohne ein abgeschlossenes Studium.
Praktische Erfahrung ist unerlässlich. Ich kenne viele Journalisten ohne Studienabschluss – aber keinen, der nicht etliche Praktika hinter sich gebracht hat, bevor er die erste Stelle bekam. Ein Praktikum ist natürlich nur der Anfang und das erste Praktikum erst recht: Gemeinhin öffnet es die

Tür zum nächsten Praktikum – nicht mehr, aber auch nicht weniger.

Große Sender und Zeitschriften haben meistens Hunderte von Bewerbern. Darum empfiehlt es sich, erst mal bei einer Lokalredaktion anzufragen. Mit jedem weiteren Praktikum wird man lieber genommen. Außerdem finde ich es wichtig, alle drei Medien ausprobiert zu haben: Print, Radio und Fernsehen. Nur so kann man wissen, was einem wirklich liegt. Praktika sind der beste Weg, um a) Erfahrungen zu sammeln und b) Kontakte zu knüpfen.

Fremdsprachen und Computerkenntnisse sind sehr wichtig: Fließendes Englisch wird vorausgesetzt, gut ist eine weitere Sprache. Ohne Internet kommt man nicht mehr aus.

Bei einer Journalistenschule aufgenommen zu werden ist wie ein Sechser im Lotto. Die Aufnahmebedingungen sind sehr unterschiedlich und hart. Trotzdem: Ein Versuch schadet sicher nichts.

Ein Volontariat zu bekommen würde ich auf jeden Fall versuchen. Die Voraussetzungen dafür sind von Zeitung zu Zeitung und von Sender zu Sender verschieden. Am besten schreibst du die Zeitung oder den Sender deines Vertrauens an und fragst nach den Bewerbungsbedingungen.

Karriere machen

Karriere, wie man sie kennt

Beim Stichwort „Traumjob“ denken viele Menschen ganz spontan entweder an die Welt der Medien – oder an hoch dotierte Führungspositionen. Ist doch traumhaft, was Manager oder auch Firmeninhaber alles haben: Geld, Unabhängigkeit, Einfluss und Macht, interessante und abwechslungsreiche Aufgaben usw. Solche Vorstellungen werden auch in den Medien stark propagiert. Gerne wird über tatkräftige Manager oder erfolgreiche Unternehmensgründer berichtet – vor allem über Leute, die weit unten angefangen und sich hochgearbeitet haben. Wie viel jemand auf dem Kasten hat, wie erfolgreich und auch wie zufrieden jemand ist, hängt nach Meinung vieler Menschen von der beruflichen Position ab: je höher, umso besser. Kein Wunder, dass es als sehr erstrebenswert gilt, befördert zu werden und in der Unternehmenshierarchie möglichst weit nach oben zu klettern. Das am meisten verwendete Symbol für beruflichen Erfolg ist die Karriereleiter. Um erfolgreich zu sein und dies auch nach außen sichtbar zu machen, gilt es, sie so schnell und so hoch wie möglich zu erklimmen. Und dann hat man automatisch seinen Traumjob – so denken viele und legen sich ins Zeug, um nach oben zu kommen.

Karriere sieht nicht zwangsläufig wie eine Leiter aus.

!

Damit keine Missverständnisse aufkommen: Natürlich braucht jedes Unternehmen Führungspersönlichkeiten, Mitarbeiter, die Verantwortung tragen, Projekte leiten und

Leute führen. Aber es ist kontraproduktiv, diese Positionen zu glorifizieren und als absolut erstrebenswert anzusehen. Je höher man in der Unternehmenshierarchie steigt, umso komplexer, verantwortungsvoller und anspruchsvoller werden die Aufgaben und Erwartungen. Führungspositionen sind für manche Menschen wie geschaffen und der ideale Job für sie. Aber das gilt bei Weitem nicht für jeden.

Seit einiger Zeit ist die herkömmliche Vorstellung davon, was Karriere bedeutet, etwas ins Wanken geraten, denn die Arbeitswelt befindet sich schon viele Jahre im Umbruch. Es sind hauptsächlich zwei Entwicklungen, welche die klassische Karriereleiter infrage stellen und neue Perspektiven eröffnen:

→ *Die Tendenz zu flachen Organisationen*
Im Laufe der vielen Umstrukturierungen und Reorganisationsmaßnahmen wurden in zahlreichen Unternehmen ganze Hierarchieebenen gestrichen. Der Hang zu möglichst wenig Hierarchie und festen Strukturen ist vor allem in jungen Unternehmen ganz deutlich. Das bedeutet, dass es inzwischen schlicht und einfach viel weniger Führungspositionen und Aufstiegsmöglichkeiten innerhalb der Unternehmen gibt.

→ *Der Trend zu mehr Lebensqualität*
Dass Aufstieg und hohe Positionen keineswegs zwangsläufig mit Erfüllung und Zufriedenheit zu tun haben, ist in den letzten Jahren sehr deutlich geworden. Hektik und Stress, Überforderung und Mangel an Ausgleich sowie ein zu kurz kommendes Privatleben – all das ist der Preis, den viele Menschen in Führungspositionen bezahlen. Auch wenn es nur vereinzelt zu Extremen wie Herzinfarkt oder Burn-out kommt: Die alltägliche Anspannung und Überforderung, unter der viele leiden, relativiert auch die besten Gehälter. Immer mehr Menschen legen Wert auf ein erfülltes Leben und wollen sich nicht (mehr) vom Beruf auffressen lassen.

Erfüllung und Zufriedenheit durch Aufstieg – kann sein, muss aber nicht sein.

Führungsposition und Aufstieg bedeuten nicht automatisch weniger Lebensqualität oder ein eingeschränktes Privatleben. Häufig sind diese Konsequenzen hausgemacht: Sie können ausgelöst werden durch das Gefühl, der anspruchsvollen Aufgabe nicht gerecht zu werden, immer noch mehr tun zu müssen. Manche meinen sogar, als Führungskraft müsse man vor allen anderen im Büro sein und erst nach ihnen gehen, das „gehöre sich so". So etwas führt dazu, dass sich zahlreiche Menschen selbst überfordern.

Natürlich gibt es nach wie vor Unternehmen und Organisationen mit stark ausgeprägten Hierarchien, in denen Beförderung und Aufstieg wie eh und je ablaufen. Dagegen ist auch nichts zu sagen. Und es gibt, wie wir noch zeigen werden, viele Möglichkeiten, Ihre eigenen Vorstellungen von Erfolg und Karriere zu verfolgen. Entscheidend ist, dass Sie Ihren Weg bewusst gehen und die angestrebte Position auch gut ausfüllen können.

Gehen Sie Ihren Weg bewusst.

Niemand muss die Karriereleiter erklimmen!

„Wenn ich so manche Beiträge in Fachzeitschriften etc. lese – wie: ‚So machen Sie Karriere', ‚Die besten Erfolgsrezepte' etc. –, denke ich manchmal, mich müsste jetzt das schlechte Gewissen packen, da ich mit meiner Welt sehr zufrieden bin, auch wenn ich auf diese Art und Weise nicht die Karriereleiter hochsteige."

Dieser Beitrag aus dem Internet illustriert, wie es vielen Menschen geht. In den Medien ist so viel die Rede von Karriere und Aufstieg, dass man meinen könnte, jeder müsse einfach diesen Weg gehen wollen. Viele Menschen werden unsicher oder fühlen sich sogar unzulänglich, weil sie selbst diesen Wunsch gar nicht haben.

Bitte sehen Sie solche Tipps immer als Angebot und prüfen Sie für sich, was Ihnen gut tut und was Sie gerne möchten. Nur weil Karriere machen und nach oben kommen im Trend sind,

Die Klischee-Karriere nicht aufzwingen lassen!

muss das noch lange nicht heißen, dass es der richtige Weg für Sie ist.
Der erste Schritt zu mehr Selbstbewusstsein in dieser Hinsicht führt uns zu der Frage, was Sie persönlich unter Karriere und Erfolg verstehen.

Karriere und Erfolg für sich definieren

Wir haben es bereits ganz am Anfang des Buches besprochen: Damit Sie wirklich den für Sie richtigen Weg finden und gehen können, müssen Sie sich mit sich selbst beschäftigen und Klarheit über Ihre Vorstellungen und Erwartungen gewinnen. Das gilt auch generell für die Themen Karriere und Erfolg. Es ist wichtig, dass Sie sich nicht von den Ansichten anderer Leute oder von Klischeevorstellungen leiten lassen, sondern für sich selbst herausfinden und festlegen, was Sie darunter verstehen – um dann auf dieser Grundlage Ihren individuellen, für Sie richtigen Weg planen und gehen zu können.

Was bedeutet Karriere machen?

Den Begriff „Karriere" weiter fassen: individuell auf Ihre Bedürfnisse und Wünsche ausgerichtet

Beim Stichwort Karriere denken die meisten Leute wahrscheinlich sofort und automatisch an die klassische Karriereleiter, auf die wir im vorhergehenden Abschnitt kurz eingegangen sind, sprich: stetigen Aufstieg in der Unternehmenshierarchie, deutliche Gehaltssprünge nach oben, Zunahme von Einfluss und Befugnissen, elegante Kleidung, Dienstwagen und andere Statussymbole. Diese Definition von Karriere ist sehr eng gefasst und kennt nur einen einzigen erstrebenswerten Weg: den „von unten nach oben" innerhalb einer hierarchischen Struktur – je höher, desto besser. Doch angesichts der großen Veränderungen in der Arbeitswelt erscheint es sinnvoller und hilfreicher, den Begriff Karriere weiter zu fassen: als berufliche Entwicklung und Vorankommen im Beruf allgemein. Und was damit gemeint ist, kann sich individuell erheblich unterscheiden. Hier einige Beispiele dafür, welche unterschiedlichen Definitionen von Karriere im weiteren Sinne es gibt:

- *Traditioneller Aufstieg:* Man bleibt einem Unternehmen/einer Organisation treu und erklimmt eine Karrierestufe nach der anderen, bis die höchstmögliche Position erreicht ist (zum Beispiel Geschäftsführer in einem Unternehmen, die höchste Beförderungsstufe in einer Behörde).
- *Mehrfacher Aufstieg durch Wechsel des Unternehmens:* Man orientiert sich alle paar Jahre um und wechselt den Arbeitgeber. Jeder Wechsel ist mit einem Karrieresprung nach oben verbunden (zum Beispiel Vertriebsassistent in der ersten Firma, Außendienstmitarbeiter in der zweiten, Teamleiter Vertrieb beim dritten Arbeitgeber, schließlich Vertriebsleiter usw.).
- *Einmaliger Aufstieg entweder innerhalb eines Unternehmens oder verbunden mit einem Unternehmenswechsel:* Man übernimmt mehr Verantwortung und bleibt dann in dieser Position (zum Beispiel Archivmitarbeiter und dann Archivleiter).
- *„Horizontale“ Karriere:* Man beschränkt sich nicht auf ein bestimmtes Fachgebiet, sondern erweitert sein Know-how in unterschiedlichen Gebieten und übernimmt neue Aufgaben und Verantwortungsbereiche, entweder innerhalb eines Unternehmens oder verbunden mit einem Unternehmenswechsel (zum Beispiel als Vertriebsmitarbeiter, der sich Kenntnisse in Marketing und Controlling aneignet und in diesen Bereichen mitarbeitet).

Karriere kann auch waagerecht verlaufen.

- *Karriere innerhalb des eigenen Bereiches:* Man bleibt seinem Job treu, erweitert ständig sein Know-how und ist fachlich up to date, ohne einen äußerlich sichtbaren Karriereschritt zu tun.

Vielleicht sind Sie bei den letzten beiden Punkten ins Grübeln gekommen und fragen sich: Das soll Karriere sein? Wir möchten Sie dazu ermutigen, den Begriff Karriere – wie weiter oben beschrieben – breiter zu fassen und auf berufliches Vorankommen, Weiterentwicklung und Erweiterung des Horizontes allgemein auszudehnen. Damit Sie entspannter an das Thema Traumjob herangehen können und sich nicht einengen lassen. Damit Sie sich nicht selbst unter Druck setzen, weil Sie glauben – oder sich von anderen überzeugen lassen –, dass ein beruflicher Kurswechsel unbedingt mit einem Karrieresprung im traditionellen Sinne verbunden sein muss. Und damit Sie Ihre Entscheidung selbstbewusster treffen und überzeugend auftreten können.

Machen Sie sich intensive Gedanken zu folgenden Themen:

- → Was bedeutet der Begriff Karriere für Sie? Wann kann man Ihrer Meinung nach davon sprechen, dass jemand Karriere macht oder gemacht hat?
- → Ist der Begriff für Sie positiv oder negativ besetzt? Warum? Auf Grund welcher persönlichen Erfahrungen vertreten Sie Ihre Meinung?

Was bedeutet für Sie Karriere?

- → Wie beurteilen Sie Ihren bisherigen Werdegang? Was sagen Sie über sich selbst: dass Sie Karriere gemacht haben oder eher nicht? Warum?
- → Welche Pläne haben Sie für die Zukunft? Welche Art von Karriere möchten Sie einschlagen?

Wie gesagt wird der Begriff „Karriere" meistens im traditionellen Sinne verwendet und auf das Bild der Karriereleiter reduziert. Er ist keineswegs nur mit positiven Assoziationen verknüpft und stellt bei Weitem nicht für jeden ein erstrebenswertes Ziel dar. Die Bezeichnungen „Karrieretyp" und „Karrierefrau" sind oft wenig schmeichelhaft gemeint – und wenn jemand gar als „karrieregeil" charakterisiert wird, wirft das kein gutes Licht auf den Betroffenen. Viele Menschen haben unangenehme Erfahrungen mit „höheren Tieren" gemacht und sind davon überzeugt, dass die Zunahme von Einfluss und Macht – ähnlich wie beim Geld – den Charakter verdirbt. Weit verbreitet sind auch Klischeevorstellungen und Pauschalurteile darüber, welchen Preis man bezahlen muss, wenn man Karriere machen und im klassischen Sinne aufsteigen will: Überstunden en masse, Isolation innerhalb des Unternehmens, weil einen keiner mehr mag – ganz besonders die ehemaligen Kollegen –, Arbeitssucht, Verlust von sozialen Kontakten und, und, und. Es gibt natürlich Menschen in Führungspositionen, die tatsächlich so arbeiten und leben. Aber das heißt noch lange nicht, dass Sie es ihnen nachmachen müssen.

Negative Assoziationen sind leider an der Tagesordnung.

!

Karriere im klassischen Sinne zu machen bedeutet nicht zwangsläufig, dass Sie ein unangenehmer und rücksichtsloser Zeitgenosse werden oder sich selbst bis zum Anschlag/Äußersten ausbeuten müssen. Auch hier gilt: Je klarere Vorstellungen Sie davon haben, wie die einzelnen Karriereschritte aussehen sollen, was Sie von der Aufgabe erwarten und was Sie einbringen können und wollen, umso höher ist die Wahrscheinlichkeit, dass Sie an das richtige Unternehmen geraten und an dem für Sie passenden Platz landen. Wenn Sie Karriere im klassischen Sinne machen wollen und das Zeug dazu haben, dann sollten Sie dieses Ziel auch – bewusst und zielgerichtet – anpeilen. Es wäre schade, wenn Sie sich durch Vorurteile oder Befürchtungen abhalten lassen würden.

Keine Angst vor Vorurteilen!

Was ist Erfolg?

Im Zusammenhang mit Traumjob und Karriere darf natürlich der Begriff „Erfolg“ nicht fehlen. Aber hat jemand, der Karriere macht – also einen stetigen beruflichen Aufstieg vollzieht – nicht automatisch Erfolg? Wie die Antwort auf diese Frage ausfällt, hängt davon ab, was man unter Erfolg versteht.

Äußerer und innerer Erfolg

Im Prinzip gibt es zwei Arten von Erfolg: den äußeren und den inneren. Der äußere Erfolg, also alle Statussymbole und Entsprechungen zu den gängigen Vorstellungen von Erfolg, ist weitgehend mit dem Begriff Karriere identisch. In diesem Sinne ist man umso erfolgreicher, je mehr man verdient und je mehr man zu sagen hat. Wie brüchig diese Definition von Erfolg ist und welch hohen Preis viele Menschen bezahlen, nur um nach außen hin erfolgreich zu wirken, ist in den letzten Jahren sehr deutlich geworden. Dass jemand in den Augen anderer erfolgreich ist, möglicherweise eine Bilderbuchkarriere vorzuweisen hat und von vielen regelrecht beneidet wird, heißt noch lange nicht, dass er selbst zufrieden ist und sich als erfolgreich empfindet. Es kann sein, dass man zwar äußerlich erfolgreich, innerlich aber unzufrieden und frustriert ist, weil

Nicht immer ist man zufrieden, auch wenn der Werdegang noch so leuchtend erscheint.

- die Aufgabe überhaupt nicht den eigenen Vorlieben entspricht und man eigentlich etwas ganz anderes machen möchte;
- man sich von der Aufgabe überfordert fühlt und sie – zumindest in den eigenen Augen – mehr schlecht als recht erledigt;
- man zwar beruflich sehr viel erreicht, aber kein Privatleben mehr hat und die Gesundheit leidet.

Da es in diesem Buch darum geht, wie Sie Ihren Traumjob finden – definiert als Job, in dem Sie sich ausleben können und der zu Ihnen passt –, ist Erfolg im Sinne von Äußerlichkeiten natürlich viel zu kurz gegriffen. Denn nur wenn Sie hinter Ihrem Job stehen und Freude daran haben, empfinden Sie sich als erfolgreich und sind zufrieden.

Nur wer hinter dem steht, was er tut, und Spaß daran hat, ist auch glücklich und erfolgreich.

Und noch etwas kommt dazu: Erfolg nur am Beruflichen festzumachen, hat negative Auswirkungen. Viel zu viele Menschen haben beruflich sehr viel erreicht – durchaus auch genau das, was sie oft angestrebt hatten –, aber ihr Privatleben, die sozialen Kontakte, die persönliche Entwicklung sind auf der Strecke geblieben. Der Traumjob – wie wir ihn verstehen – frisst das Privatleben nicht auf, sondern lässt Ihnen Raum für all das, was Ihnen neben dem Beruf wichtig ist.

Was Erfolg alles bedeuten kann

Entsprechend den unterschiedlichen Vorstellungen von einem Traumjob gibt es eine breite Palette von Definitionen, was Erfolg bedeutet und woran man ihn festmachen kann. Hier einige Beispiele dafür:

Den eigenen Job gut machen

Es stimmt einfach nicht, dass jeder sich nur dann gut und erfolgreich fühlt, wenn er neue Aufgaben oder mehr Verantwortung übernimmt. Viele Menschen haben Spaß an dem, was sie tun, und ziehen ihre Befriedigung daraus, dass sie ihre Aufgaben wirklich gut erledigen. Bestimmt haben auch Sie schon beispielsweise Verkäufer, Bedienungen oder Telefonistinnen erlebt, die ganz offensichtlich in ihrem Job aufgehen und eine sehr positive Ausstrahlung haben. Eine mögliche Definition von Erfolg ist, dass man sich nach der Arbeit selbst auf die Schulter klopfen und sagen kann: „Gut gemacht!“

Befriedigung daraus ziehen, seine Aufgaben wirklich gut zu erledigen

Die Marketingassistentin arbeitete seit einigen Monaten in einem kleinen Unternehmen und war direkt der Geschäftsleitung unterstellt. Im Zuge von Umstrukturierungen wurde beschlossen, die Position eines Marketingmanagers einzuführen. Mehrere Bekannte redeten auf die Marketingassistentin ein und drängten sie regelrecht dazu, sich unbedingt für diese Position zu bewerben. („Lass dir bloß niemanden vor die Nase setzen!"). Zum Glück tat sie es nicht, denn für sie ist es wichtig, einen abgesteckten Arbeitsbereich zu haben und klare Anweisungen zu bekommen. Eine leitende Position würde sie komplett überfordern; die Misserfolge wären programmiert.

Ein Experte auf seinem Gebiet sein

Das Gefühl erfolgreich zu sein hängt nicht von einem Titel ab.

Wie erfolgreich man sich fühlt, drückt sich nicht unbedingt in der Position oder einem Titel aus, den man offiziell hat. So gibt es Mitarbeiter, die sich durch besonderes Geschick oder Talent, durch detailliertes Wissen oder ihre Schnelligkeit bei der Erledigung bestimmter Dinge von den anderen abheben und einen guten Ruf genießen.

Vielleicht gehören Sie zu den Menschen, denen die Rolle des Experten viel Freude macht und die es als Erfolg verbuchen, dieses Image zu haben und zu behalten. Dann ist genau das Ihr Verständnis von Erfolg, von dem Sie sich nicht abbringen lassen sollten. Lernen Sie ständig dazu und erweitern Sie Ihr Know-how, um auch künftig erfolgreich zu sein.

Ein Archivmitarbeiter in einem Medienunternehmen zeichnete sich durch ein unglaubliches Allgemeinwissen aus. Da er zudem ein sehr sympathischer und hilfsbereiter Kollege war, hatte er sich schnell den Ruf erworben, ein wandelndes Lexikon zu sein. Er wurde von allen Leuten sehr geschätzt.

Sich höhere Ziele setzen

Sich bewegen, vorankommen: weiterentwickeln!

Viele Menschen assoziieren mit dem Begriff Erfolg, dass sie etwas bewegen und vorankommen, dass sie ihre Leistung steigern und über sich hinauswachsen. In diesem Zusammenhang kommen nochmal die Ziele ins Spiel. Denn um Fortschritte zu machen und auch nachvollziehen zu können, dass und inwiefern man sich verbessert, muss man sich Ziele setzen und auf sie hinarbeiten. Vielleicht sind Sie der geborene Vertriebler, der einfach immer besser werden und sich immer wieder selbst übertreffen will. Vielleicht bedeutet Erfolg für Sie, die hoch gesteckten Umsatzziele immer wieder zu erreichen – oder sogar zu übertreffen. Oder Sie blühen auf, wenn Sie Ihr Organisationstalent unter immer schwierigeren Umständen unter Beweis stellen können – und auch die knappsten Deadlines schaffen.

Zusätzliche Aufgaben übernehmen

Spezialist oder Allrounder?

Es gibt ganz unterschiedliche Menschen, und während die einen sich gerne auf einen bestimmten Bereich spezialisieren, sind andere die geborenen Allrounder und wollen in möglichst viele Bereiche reinschnuppern. Gerade in kleinen Unternehmen sind flexible und vielseitig interessierte Mitarbeiter, die bei Bedarf überall einspringen können, Gold wert. Wer gerne ein breites Aufgabenspektrum hat und seine Kenntnisse immer wieder erweitert, wertet es als Vorankommen und als Erfolg, wenn er zusätzliche Aufgaben übernehmen kann.

!

Wenn Sie breite Interessen haben und gerne für unterschiedliche Bereiche zuständig sind, sollten Sie einen möglichen Karriereschritt sehr genau hinterfragen. Finden Sie heraus, welche Aufgaben auf Sie zukämen und wie Ihr Arbeitstag konkret aussehen würde. Denn verantwortungsvollere Positionen bringen oft eine starke Spezialisierung mit sich. Und das Risiko, dass Sie sich dann nicht besonders gut und erfolgreich fühlen, ist sehr groß.

Dazulernen und besser werden

Man lernt nie aus, es sei denn, man glaubt, schon alles zu können.

Wie erfolgreich man sich fühlt, kann auch davon abhängen, wie viele und welche Gelegenheiten es im Beruf gibt, sich fachlich und persönlich weiterzuentwickeln und dazuzulernen. Das ist besonders wichtig für Menschen, die wissbegierig und an neuen Themen interessiert sind – oder eine Vorliebe dafür haben, sich ständig zu verbessern. Wenn Sie Ihren Erfolg daran messen, inwieweit Sie neue Erkenntnisse bekommen und Ihre persönlichen Kompetenzen verbessern, sollten Sie möglichst klare Vorstellungen davon haben, was genau Sie damit meinen. Nur dann können Sie abchecken, ob der von Ihnen angestrebte Job Ihnen diese Art von Erfolgserlebnissen auch bringen wird.

- → Was bedeutet Erfolg für Sie?
- → Wann ist jemand in Ihren Augen erfolgreich?
- → Welche Erfolgserlebnisse hatten Sie bisher im Job? Wann haben Sie sich erfolgreich gefühlt?
- → Welche Rolle spielen andere Menschen? Fühlen Sie sich erfolgreich, wenn Sie Anerkennung von außen bekommen?

Lassen Sie sich nicht von Menschen beeinflussen oder verunsichern, die nur den Aufstieg auf der Karriereleiter als berufliches Vorwärtskommen gelten lassen. Gewinnen Sie Klarheit über Ihre eigenen Vorstellungen und Erwartungen. Es geht darum, dass Sie sich wohl und ausgefüllt in Ihrem Beruf fühlen – nicht darum, was andere Leute darüber denken. Ihr Traumjob ist es nur dann, wenn Sie die Arbeit und das Umfeld gefunden haben, in denen Sie Ihre Vorstellungen von Erfolg auch verwirklichen können.

Die eigenen Gestaltungsmöglichkeiten erkennen und nutzen

Sie haben einen Job, sind aber nicht wirklich zufrieden und überlegen deshalb, ob Sie sich verändern und etwas Neues anpeilen sollen? Auch wenn Sie es im Moment vielleicht nicht glauben wollen: Nicht immer ist ein Kurswechsel nötig – oder überhaupt das Richtige. Gar nicht so wenige Menschen sind schon am richtigen Platz und in dem für sie passenden Job – es ist ihnen nur nicht (mehr) bewusst. Oder sie übersehen Möglichkeiten und Chancen, mehr aus ihrem derzeitigen Job zu machen und sich an Ort und Stelle weiterzuentwickeln.

!

Immer wieder kann man Ratschläge lesen wie: Wer weiterkommen und als interessanter Kandidat auf dem Arbeitsmarkt gelten will, muss mindestens alle fünf Jahre seinen Arbeitgeber wechseln. Wer einer Firma zu lange treu bleibt, gilt leicht als unflexibel und seiner Zeit hinterher. Es macht sich nicht so gut im Lebenslauf und reduziert die Chancen, später einen interessanten Job zu bekommen. – Lassen Sie sich nicht von solchen Pauschalurteilen beeinflussen und verunsichern. In den meisten Unternehmen sind auch heutzutage gute und zuverlässige Mitarbeiter gefragt, die ihr Engagement und ihr Know-how langfristig zur Verfügung stellen.

Unternehmen möchten gute Mitarbeiter langfristig halten.

Wenn Sie mit Ihrem gegenwärtigen Job unzufrieden sind, sollten Sie auf jeden Fall herausfinden, wo der Haken ist, und nicht sofort die Flucht nach vorne antreten und sich nach etwas ganz anderem umsehen. Denn was sonst im Leben passiert, findet auch im Beruf und am Arbeitsplatz statt: Man gewöhnt sich an das, was man hat, nimmt vieles als selbstverständlich – zumindest die angenehmen Dinge – und stumpft in gewisser Weise ab. Es passiert relativ leicht, dass man die

positiven Dinge gar nicht mehr wahrnimmt und sich auch seiner eigenen Rolle, seiner Leistung und Bedeutung für das Unternehmen nicht mehr bewusst ist. Als Folge davon leidet die Motivation und Frustration macht sich breit. Auch wenn es banal klingt: Oft geht es nur darum, genau hinzuschauen, die eigene Situation unter die Lupe zu nehmen und sie zu analysieren. Das heißt nicht, dass sich dann alle Ihre negativen Gefühle in Wohlgefallen auflösen und Sie plötzlich Feuer und Flamme für Ihren Job sind. Es bedeutet aber mit Sicherheit, dass Sie Klarheit gewinnen und Ihre Situation besser und differenzierter beurteilen können. Und es kann durchaus sein, dass Sie Ihren Job dann positiver sehen als vorher.
Machen Sie sich intensiv Gedanken über Ihren Job und Ihren Arbeitsalltag:

- → Was machen Sie den ganzen Tag? Listen Sie alle Ihre Tätigkeiten auf.
- → Was finden Sie gut?
- → Was gefällt Ihnen weniger? Wie müsste es sein, damit es Ihnen gefällt?
- → Wissen Sie, wie wichtig Ihre Arbeit für andere und das Unternehmen ist?
- → Inwiefern ziehen Sie Befriedigung aus Ihrer Arbeit?

Der Unzufriedenheit auf den Zahn fühlen

Es ist wichtig, dass Sie Ihrer Unzufriedenheit auf den Grund gehen und herausfinden, was genau Sie stört und was Sie vermissen. Möglicherweise ist es gar nicht nötig, dass Sie das Unternehmen oder gar den Beruf wechseln. Unter Umständen ist es viel besser, wenn Sie bleiben und die Gestaltungsmöglichkeiten erkennen und nutzen, die bereits in greifbarer Nähe sind. Um diese Grundsatzentscheidung treffen und die Weichen richtig stellen zu können, müssen Sie möglichst viel Klarheit darüber gewinnen, was Traumjob für Sie bedeutet und aus welchen Komponenten er sich zusammensetzt. Nur dann können Sie für sich beschließen, ob Sie bleiben und etwas verändern wollen oder ob Ihre jetzige Tätigkeit so weit von Ihrem Traumjob abweicht, dass Sie ganz neue Wege gehen müssen.

Fliehen Sie nicht vom Regen in die Traufe!

Der starke Wunsch, seinen Job aufzugeben und sich neu zu orientieren, wird häufig dadurch ausgelöst, dass man sich dort nicht wohl fühlt und deshalb weg will. Wenn Sie im Grunde nur vor einer unangenehmen Situation fliehen wollen – Ihre Motivation also in erster Linie negativ ist –, laufen Sie Gefahr, wieder am falschen Platz zu landen. Und Sie nutzen die vorhandenen Möglichkeiten nicht, Ihre Situation zu verbessern und etwas in eigener Sache zu erreichen.

!

Seien Sie selbstkritisch und machen Sie sich klar, ob Sie sich wirklich Ziele setzen und auf etwas Neues zubewegen wollen oder ob Sie nur vor Ihrer aktuellen Situation weglaufen möchten. Aus der Motivationspsychologie weiß man, dass es wesentlich erfolgversprechender ist, ein positives (!) Ziel anzupeilen und dann darauf hinzuarbeiten. Wenn Sie vor Schwierigkeiten weglaufen, aber nicht wissen, wie Ihr Traumjob eigentlich aussieht, können Sie sich nicht gezielt auf ihn zu bewegen. Häufige Gründe, warum Leute ihren Job aufgeben wollen:

Die häufigsten Gründe wegzugehen: Unzufriedenheit, Unwohlsein, Unsicherheit

→ Unzufriedenheit mit den eigenen Aufgaben
→ Spannungen, weil man mit dem Chef oder mit Kollegen nicht gut klar kommt
→ Unsicherheit, man fühlt sich überfordert

Unzufriedenheit mit den eigenen Aufgaben

„Meine Arbeit macht mir einfach keinen Spaß. Ich bin unzufrieden und eigentlich nicht ausgelastet." Diese und ähnliche Aussagen hört man oft von Leuten, die ihres Jobs müde geworden sind und neue Wege gehen möchten. Doch nur die wenigsten setzen sich mit ihrer Situation näher auseinander und können die Fragen, was genau sie damit meinen und was anders sein sollte, detailliert beantworten.
Wenn es Ihnen ähnlich geht: Beschäftigen Sie sich mit sich selbst und nehmen Sie Ihre Arbeit genau unter die Lupe. Machen Sie sich klar, was Sie stört, was Sie vermissen, was in Ihnen unangenehme Gefühle auslöst.

Was vermissen Sie, was stört Sie? Wie hätten Sie's denn gern?

→ Versuchen Sie – eventuell mit der Unterstützung anderer –, Ihren Arbeitsalltag und Ihre Aufgabenfelder objektiver zu betrachten und die positiven Aspekte nicht unter den Teppich zu kehren.

→ Überlegen Sie, was Sie gerne verändern möchten, welche Aufgaben Sie dazunehmen und welche Sie gerne abgeben würden.

→ Machen Sie sich Gedanken darüber, wie Ihr jetziger Job verändert werden müsste, damit Sie gerne zur Arbeit gehen und sich ausgefüllt fühlen.

→ Beschäftigen Sie sich intensiv mit sich selbst und machen Sie sich all Ihre Fähigkeiten und Kompetenzen klar – wie auch Ihre Schwächen und Defizite.

Und dann arbeiten Sie konkrete Vorschläge aus, wie Sie Ihren Job umgestalten möchten. Werden Sie aktiv und sprechen Sie mit Ihrem Vorgesetzten offen über Ihre Vorstellungen und Ziele. Geben Sie sich selbst und dem Unternehmen die Chance, gemeinsam etwas zu verändern.

!

Gerade wenn Sie sich in Ihrem jetzigen Unternehmen eigentlich wohl fühlen und gute zwischenmenschliche Beziehungen aufgebaut haben, sollten Sie auf keinen Fall einfach gehen – ohne dem Unternehmen die Chance zu geben, auf Ihre Wünsche einzugehen und Sie dadurch im Betrieb zu halten.

Geben Sie sich und Ihrer Firma die Chance, die Situation zu verbessern.

Sagen Sie offen und konstruktiv, wie es Ihnen geht, was Ihnen gefällt und was nicht, inwiefern Sie sich nicht ausgefüllt fühlen und was Sie vermissen. Seien Sie pro-aktiv und fragen Sie nach, welche Möglichkeiten sich in Zukunft für Sie eröffnen könnten. Machen Sie Vorschläge, wie man was verändern könnte. Je klarer Ihre Vorstellungen sind, umso deutlicher können Sie sie auch vermitteln und umso leichter und schneller können Sie gemeinsam herausfinden, welche Möglichkeiten es gibt: Das könnte eine Veränderung des Aufgabengebietes sein, eine Versetzung in eine andere Abteilung oder gar die Schaffung eines ganz neuen Arbeitsbereiches – auch dazu sind Firmen bereit, um wertvolle Mitarbeiter zu halten und deren Potenziale auszuschöpfen. Vergeben Sie sich keine Chancen!

Stichwort Eigeninitiative

Werden Sie aktiv und beweisen Sie Eigeninitiative. Wenn Sie zu dem Schluss gekommen sind, dass Sie mehr Verantwortung übernehmen und Ihr Aufgabengebiet erweitern wollen, stellen Sie im Arbeitsalltag unter Beweis, dass Sie das Zeug dazu haben. Warten Sie nicht, bis Ihr Vorgesetzter Sie dazu auffordert, sondern treten Sie von sich aus in Aktion: Gehen Sie mit Elan an Ihre jetzigen Aufgaben heran und beweisen Sie, dass Sie Ihren Bereich gut beherrschen. Melden Sie sich in Bespre-

Beweisen Sie, dass Sie Ihren Arbeitsbereich beherrschen!

chungen zu Wort und suchen Sie Kontakt zu Ihrem Chef. Schöpfen Sie die Möglichkeiten aus, die Sie jetzt bereits haben, um ein gutes Fundament für Ihr Vorankommen zu legen. Wenn Sie das, was Sie anstreben, auch in Ihrer jetzigen Firma erreichen können, warum sollten Sie dann gehen?

Übrigens: Vielleicht haben Sie Ihren Arbeitsplatz gewechselt und merken im Nachhinein, dass eine frühere Station besser und angenehmer für Sie war. Das passiert. Man wechselt eine Stelle, die einem eigentlich gut gefällt, um eine vermeintlich bessere Chance wahrzunehmen, und hinterher merkt man, dass es eine Fehlentscheidung war, dass die „verlassene" Position/Firma erstrebenswerter ist. Die meisten Menschen trauen sich nicht zurückzugehen. Schade! Wenn Sie sich – was ohnehin selbstverständlich sein sollte – bei Ihrer Kündigung fair verhalten haben und bis zum letzten Tag gute Arbeit geleistet haben, steht einer Wiederbewerbung überhaupt nichts im Weg. Und man wird auch von Kollegen nicht schief angesehen – im Gegenteil: Wer geschätzt war, wird mit offenen Armen und voller Freude wieder aufgenommen.

Unwohlsein, weil man mit dem Chef oder Kollegen nicht gut klarkommt

Gern zur Arbeit zu gehen ist ein wesentlicher Aspekt der Zufriedenheit und des Selbstbewusstseins.

Wie wichtig die zwischenmenschlichen Beziehungen auch am Arbeitsplatz sind und wie sehr sie beeinflussen, ob man gerne zur Arbeit geht, weiß wohl jeder aus eigener Erfahrung. Der Job an sich kann noch so schön, das eigene Aufgabengebiet noch so erfüllend sein: Wenn man sich persönlich unwohl und unsicher fühlt, lässt dies alles andere in den Hintergrund treten.

In vielen Unternehmen haben Menschen Schwierigkeiten mit Kollegen oder dem Vorgesetzten. Doch die allerwenigsten gehen die Dinge aktiv an und tun etwas, um die Situation zu verbessern – oder auch nur zu klären. Abgesehen davon, dass sich Schwierigkeiten nur ganz selten von alleine lösen, wirken sich Spannungen und ungelöste Konflikte enorm negativ auf Motivation und Leistungsfähigkeit aus. Und irgendwann erscheint alles grau in grau: Der Job, der eigentlich sehr viel Spaß macht, wird einem regelrecht vermiest. Dabei muss es überhaupt nicht so weit kommen. Zwar ist es nicht immer einfach, offen und direkt mit anderen zu kommunizieren, besonderes wenn es um unangenehme Dinge geht. Doch es ist der einzige Erfolg versprechende Weg, um dicke Luft und Ärger aufzulösen, Missverständnisse zu klären und die Beziehung zu verbessern. Es wäre schade, wenn Sie Ihrem Traumjob davonlaufen würden, weil Sie mit anderen Leuten nicht klarkommen. Das sollten Sie auf gar keinen Fall tun, bevor Sie nicht einiges versucht haben, um die Situation vorher zu bereinigen.

Konstruktive und offene Kommunikation ist der Schlüssel für ein gutes Miteinander.

Die Wurzel allen Übels sind häufig Missverständnisse: Da werden Blicke falsch gedeutet, in Bemerkungen die eigenen Befürchtungen hineininterpretiert – und schon hat man ein gestörtes Verhältnis zueinander. Lassen Sie sich nicht zu Spekulationen verleiten. Wenn Sie nicht sicher wissen, wie etwas gemeint ist, dann konzentrieren Sie sich nicht auf die schlechtestmögliche Variante. Sie könnte zutreffen, möglicherweise ist aber auch alles ganz anders. Machen Sie ein Spiel daraus und überlegen Sie sich möglichst viele Interpretationen. So können Sie entspannter und konstruktiver in ein Gespräch gehen. Sagen Sie anderen, wie ihr Verhalten bei Ihnen ankommt, und fragen Sie nach, wie es gemeint ist.

Verirren Sie sich nicht im „Reich der Spekulationen"!

Wenn Sie herausfinden, dass Ihre Unzufriedenheit und Ihre negativen Gefühle nichts mit dem Job an sich zu tun haben, sondern damit, dass Sie sich menschlich nicht wohl fühlen, dann sollten Sie der Sache auf den Grund gehen:

- → Um welche Schwierigkeiten handelt es sich?
- → Mit wem fühlen Sie sich unwohl/haben Sie Schwierigkeiten?
- → Was haben Sie bisher unternommen, um eine Klärung und Verbesserung herbeizuführen?
- → Was möchten Sie in einem Gespräch herausfinden und sagen?

Bitten Sie den Betroffenen um ein klärendes Gespräch und bereiten Sie sich gut darauf vor. Es ist wichtig, dass Sie ein konstruktives Gespräch führen und gemeinsam mit Ihrem Gegenüber eine Verbesserung der Situation in Angriff nehmen wollen. Die Investition von Energie und Zeit lohnt sich, denn Sie können nur gewinnen: entweder in der Arbeit aufatmen und Ihrem Job wieder mit Freude nachgehen oder die Gewissheit bekommen, dass Sie tatsächlich am falschen Platz sind und sich neu orientieren sollten.

Unsicherheit – man fühlt sich überfordert

Das häufige Überschreiten der eigenen Grenzen führt schnell zum Gefühl der Überforderung.

Die schönste Aufgabe kann einem verleidet werden, wenn man sich ihr nicht gewachsen fühlt und immer wieder an seine Grenzen stößt. Möglicherweise ist man nicht intensiv genug eingearbeitet worden, kennt wichtige Zusammenhänge nicht und bestimmte Grundlagen fehlen. Solche Lücken machen nicht nur unsicher, sondern behindern auch die tägliche Arbeit – weil man immer andere Leute fragen muss oder Fehler macht. Es kann sein, dass die Kommunikation im Unternehmen oder im Team nicht funktioniert und einem Informationen fehlen, um den Job gut zu machen. Oder jemand hat seinen ursprünglichen Traumjob trotz fehlender Voraussetzungen bekommen – und das macht sich verstärkt negativ bemerkbar. Möglicherweise fehlt Ihnen auch schlichtweg der

Vergleich, wie „man“ diesen Beruf gut ausfüllt, und Sie können Ihre eigene Leistung deshalb nicht einordnen.
Fragen Sie sich:

- ➔ Inwiefern fühlen Sie sich unsicher oder überfordert? Um welche Arbeitsinhalte oder Themen geht es genau?
- ➔ Wie sollte es idealerweise sein?
- ➔ Welche Unterstützung/welchen Input/welche Fortbildungsmaßnahme brauchen Sie?
- ➔ Wer ist dafür zuständig, an wen können Sie sich wenden?

Holen Sie sich die Freude am Beruf zurück!

Nehmen Sie die Dinge in die Hand und sprechen Sie mit Ihrem Vorgesetzten. Vielleicht machen Sie nach außen einen sehr sicheren und zufriedenen Eindruck, sodass keiner auf die Idee kommt, etwas könne nicht stimmen. Geben Sie sich selbst die Chance, Ihre Defizite so schnell wie möglich auszugleichen und so Ihre Freude am Job zurückzugewinnen.

Die Marketingassistentin fühlte sich in ihrer Stelle äußerst unwohl: Zwar gefiel ihr das Aufgabengebiet sehr gut und sie war froh, für unterschiedlichste Bereiche zuständig zu sein und eine sehr abwechslungsreiche Tätigkeit zu haben. Aber man hatte sie mehr schlecht als recht in ein spezielles Computerprogramm eingearbeitet, mit dem sie regelmäßig Auswertungen zu machen hatte. Sie plagte sich damit herum und ihre Unsicherheit wuchs von Mal zu Mal. Anstatt ihre Schwierigkeiten anzusprechen und sich um eine intensivere Einweisung zu kümmern, wollte sie kündigen und sich nach einer neuen Stelle umsehen.

Beschäftigen Sie sich intensiv mit folgenden Fragen und listen Sie alles auf, was Ihnen in den Sinn kommt:

- → Was gefällt mir an der Tätigkeit, die ich gerade ausübe?

  ____

- → Was schätze ich an meinem Chef, den Kollegen, dem Unternehmen?

  ____

- → Was würde mir am meisten fehlen, wenn ich weggehen würde?

  ____

- → Was gefällt mir nicht beziehungsweise was fehlt mir da, wo ich im Moment bin?

  ____

- → Was müsste anders sein, damit aus meiner jetzigen Arbeit mein Traumjob wird?

Was möchten Sie in Ihrem Job erreichen? Welche Fortschritte möchten Sie machen?

Prüfen Sie sorgfältig, ob Sie wirklich wegmöchten!

Je mehr Klarheit Sie über Ihre aktuelle Situation haben, desto leichter finden Sie heraus, ob Sie tatsächlich Ihren ganzen Kurs ändern müssen, sprich: das Unternehmen verlassen und sich nach etwas Neuem umsehen, oder ob Sie dort, wo Sie sind, genügend Spielräume haben, die Sie ausschöpfen können. Es wäre schade, wenn Sie Ihre Chancen nicht wahrnähmen, nur weil Sie sie nicht erkennen oder davon ausgehen, dass der Traumjob nur woanders zu finden ist.

Firmenintern Karriere machen

Wie macht man sie nun, die Karriere in der eigenen Firma? Lassen Sie uns den Möglichkeiten etwas näher auf die Spur kommen – und dabei auch die Gründe nicht vergessen, wieso es manchmal mit dem Weiterkommen im Unternehmen nicht so klappt.

„Mögen hätt ich schon wollen, aber dürfen hab ich mich nicht getraut." Karl Valentin bringt es auf den Punkt: Der internen Karriere – wie auch immer Sie diese für sich persönlich definieren – steht man oft selbst im Weg. Man nimmt Chancen nicht wahr, weil man nicht weiß, was man möchte, oder schlichtweg keine Perspektiven innerhalb der Firma erkennen kann. Oder man rechnet sich sowieso keine Chancen aus und probiert es deshalb gar nicht. Die Bandbreite der Gründe, es erst gar nicht anzupacken, ist groß: „Die lassen mich aus meiner Abteilung bestimmt nicht weg" oder „Internes Knowhow zählt nicht", bis hin zu „Vermutlich kann ich das gar nicht/traut man es mir nicht zu".

Stehen Sie sich auch selbst im Weg?

Weit verbreitet ist, dass man einfach abwartet: „Man muss doch sehen, dass ich gut bin, also würde man mir eine Beförderung/neue Position ja anbieten, wenn man denken würde, dass ich dafür geeignet bin." Die logische Folgerung daraus ist ein pauschales Niemand-erkennt-meine-Leistungen-an-Denken und schon haben Sie einen möglichen Nährboden für Frust.

Die gute Nachricht: Sie können positiv beeinflussen, ob Sie Karriere machen.

Natürlich heißt das nicht, dass Sie sich aussuchen können, welche Position Sie innerhalb des Unternehmens übernehmen. Aktiv beeinflussen bedeutet, dass Sie wissen, was Sie wollen, beweisen, dass Sie es können – und so präsent sind, dass sich Chancen auftun und Sie sie wahrnehmen.

Sie selbst können beeinflussen, ob Sie Karriere machen oder nicht.

Sollte sich dabei herausstellen, dass Sie die von Ihnen ange-

strebten Ziele in Ihrer Firma tatsächlich nicht realisieren können, steht einer Neuorientierung nach außen nichts mehr im Wege.
Zur internen Karriere führen folgende Wege:

→ *Die neue Position kommt auf Sie zu.*
Sie werden für die neue Stelle oder sogar eine Beförderung quasi „entdeckt“, man trägt Ihnen die neue Position an.
→ *Sie bemühen sich aktiv um die Position.*
Sie geben gezielt eine firmeninterne Bewerbung ab – übrigens völlig unabhängig davon, wie groß das Unternehmen ist.

Sehen wir uns diese beiden Möglichkeiten etwas näher an.

Die neue Position kommt auf Sie zu

Wenn eine neue Aufgabe auf Sie zukommt – ob es sich um ein neues Aufgabengebiet handelt oder eine Beförderung damit verbunden ist –, ist die Sache scheinbar klar: Jetzt liegt es an Ihnen, ob Sie zu- oder absagen.

Sie bekommen eine Position angetragen? Nur nichts überstürzen!

Freuen Sie sich über das Vertrauen, das Ihnen entgegengebracht wird, und auch darüber, dass Ihre Leistung offenbar geschätzt wird. Doch stürzen Sie sich nicht sofort in einen vermeintlichen Karriereschritt. Wie bereits betont ist es wichtig, dass Sie sich spätestens jetzt darüber klar werden, was Sie vom Beruf eigentlich erwarten. So manche gut klingende Chance, die durchaus einen Schritt nach vorne mit sich brachte, mündete für den Betroffenen in Enttäuschung. Denn nicht immer entspricht eine neue Position auch dem Wunschberuf – nicht einmal, wenn eine Gehaltserhöhung damit verbunden ist.

Wenn Ihnen eine neue Position angetragen wird, schlagen Sie nicht gleich ein:

- → Informieren Sie sich genau über die Inhalte, den Arbeitsalltag.
- → Finden Sie heraus, welche Ihrer Kenntnisse und Fähigkeiten Sie für die neue Position nutzen können und wo Sie möglicherweise Defizite haben (oder welche sehen).
- → Beschäftigen Sie sich immer auch mit Ihrer jetzigen Position – sofern Sie sie wirklich gerne machen. Könnte es sein, dass Sie Ihren Traumjob bereits gefunden haben und möglicherweise aufgeben, „nur“ weil sich eine neue Chance ergibt?

Seien Sie wachsam, wenn Sie sehr schnell „Das kann ich“ sagen oder starke Zweifel haben: „Oh mein Gott, was da alles verlangt würde. Ob ich dem gewachsen bin!?“ Wie immer ist die goldene Mitte angesagt und Sie sollten einen Schritt zurücktreten und die Sache selbstkritisch und konstruktiv betrachten. Möglicherweise tun Sie sich schwer damit. Suchen Sie das Gespräch mit dem zuständigen Vorgesetzten und machen Sie sich auch ein Bild von seinen Erwartungen und wie er Sie einschätzt beziehungsweise darin unterstützen wird, die neue Aufgabe gut zu meistern.

Einen Schritt zurücktreten und mit Abstand das Pro und Contra prüfen

Sofern Sie innerhalb des Unternehmens den Beruf wechseln möchten, beachten Sie bitte auch den Abschnitt „Ein neues Berufsbild“ ab Seite 128.

Haben Sie bitte keine Angst, ein Angebot auszuschlagen. Manchmal geistern Vorstellungen wie „Wenn ich das jetzt nicht annehme, bekomme ich *nie mehr* so ein Angebot oder falle in Ungnade“ in den Köpfen herum. Machen Sie sich

ausführliche Gedanken und begründen Sie Ihre Entscheidung.
Eine Position „angetragen“ bekommt man in der Regel dann, wenn man in der Firma präsent ist und auf sich aufmerksam macht. Nur wenn Ihre Vorgesetzten einschätzen können, welche Fähigkeiten und Potenziale Sie haben und was Sie anstreben, können sie auch an Sie denken, wenn eine Position neu zu besetzen ist.

Sie bemühen sich aktiv um die Position

Der direkte Weg ist eine firmeninterne Bewerbung auf eine freie Stelle. Viele Firmen schreiben frei werdende Stellen intern aus, besonders dann, wenn sie davon überzeugt sind, dass es interessierte und für die Position qualifizierte Mitarbeiter in den eigenen Reihen gibt.
Die Vorteile für beide Seiten liegen auf der Hand: Die Mitarbeiter kennen das Unternehmen und die Abläufe, bringen Know-how aus anderen Aufgabengebieten mit und sind bereits in das bestehende Team integriert. Die Einarbeitung in das neue Aufgabengebiet geht dadurch schneller. Gute Leute und ihr Know-how bleiben der Firma erhalten und den eigenen Mitarbeitern werden interne Perspektiven geboten.

Keine Angst vorm „Azubi-Klischee-Syndrom“! Sicherlich kennen Sie die Behauptung, man dürfe auf keinen Fall in der Firma bleiben, in der man gelernt hat, weil man sonst „der ewige Azubi“ bliebe. Angewendet auf „normale“ Positionen würde das bedeuten, dass sich beispielsweise eine Sekretärin nicht zur Marketingmanagerin verändern darf, weil sie „die ewige Sekretärin“ bleibt.

Ob und wie sehr man Sie anerkennt, liegt auch an Ihnen.

Natürlich gibt es Ausnahmen, doch im Allgemeinen ist dieser Rat völliger Unsinn! Ob man Sie in Ihrer neuen Rolle anerkennt, hängt im Wesentlichen von Ihrer Person und Ihrer fachlichen Leistung ab.

Speziell zum Thema Führungspositionen hören wir immer häufiger, dass Unternehmen diese ausschließlich intern besetzen und sich den „Managementnachwuchs" selbst heranziehen. Das ist eine schöne Gegenentwicklung zu der Strategie, „externes Know-how einzukaufen".

Wer sich allerdings auf eine Führungsposition bewerben möchte, tut gut daran, bereits im Vorfeld aktiv zu werden und sich zu informieren, was eine solche Funktion mit sich bringt. Ein wunderbares Buch für Leute, die eine Managementposition auch mit Personalverantwortung anstreben oder bereits innehaben, ist *Erfolgreich als neuer Chef* von Hans-Jürgen Kratz.

Aktive Schritte auf einen internen Positionswechsel hin:

Auf sich aufmerksam machen

Intern präsent sein: Gutes Selbstmarketing ist wichtig.

Hier fällt das Stichwort „Selbstmarketing": Alles, was Sie in Ihrem Beruf tun und lassen, prägt Ihr Image und damit natürlich auch das Bild, das Ihre Vorgesetzten von Ihnen haben. Es ist ausschlaggebend dafür, ob Sie intern Ihren Weg machen.

Prüfen Sie sich selbst:

- → Wie schätzt Sie Ihr berufliches Umfeld Ihrer Meinung nach ein? Schreiben Sie jeweils fünf Eigenschaften auf, von denen Sie glauben, dass Ihr Umfeld sie mit Ihnen verbindet:
  - Wie sieht Ihr Chef Sie?
  - Wie sehen Ihre Kunden/Lieferanten Sie?

Wissen Sie, was andere über Sie denken?

- Wie sehen Ihre Kollegen Sie? Stellen Sie sich sowohl einzelne Personen vor als auch die „Gruppe“ als Ganzes.

→ Welche fünf Eigenschaften verbinden Sie selbst mit sich?

→ Arbeiten Sie mit diesen Ergebnissen: Wo gibt es Übereinstimmungen, wo gehen die Meinungen auseinander?

→ Fragen Sie bei Leuten nach, wie sie Sie sehen!
Haben Sie bereits bei Projekten mitgearbeitet oder sie sogar initiiert? Wenn ja, mit welchem Ergebnis? Wenn nein, warum nicht?

→ Bringen Sie Ideen und Meinungen ein?
In welcher Form? Mit welcher Resonanz?

Ziele miteinander besprechen

„Ich will Perspektiven“ sagt zu wenig aus.

Besprechen Sie Ihre Ziele mit Ihrem Vorgesetzten. In manchen Unternehmen gibt es formelle Mitarbeitergespräche, zu denen auch klare Zielvereinbarungen gehören. Haben Sie jedoch keine Scheu davor, mit Ihrem Chef über Ihre Weiterentwicklung im Unternehmen zu sprechen, auch wenn Sie nicht dazu aufgefordert wurden. Dabei sollten Sie selbst konkrete Vorstellungen haben und nicht nur fragen: „Welche Perspektiven gibt es?“
Nutzen Sie die Einschätzung, die Ihr Vorgesetzter von Ihnen hat. Fragen Sie aktiv auch nach seinem persönlichen Feedback zu Ihnen und Ihrer Arbeitsleistung.

Die interne Bewerbung

Häufig ist die interne Bewerbung formlos(er). Dennoch sollten Sie sie genauso ernst nehmen und sich so gut darauf vorbereiten wie auf jede andere Bewerbung auch. Informieren Sie sich genau darüber, was die angestrebte Position mit sich bringt. Machen Sie sich strukturiert und detailliert Gedanken darüber, was Sie an Qualifikationen mitbringen und was für Sie spricht. Sagen Sie offen, wenn Sie Defizite haben oder befürchten, dass es welche geben könnte.

Und achten Sie bei einer internen Bewerbung immer darauf, den „Dienstweg" einzuhalten. In Behörden ist der Dienstweg wortwörtlich gemeint: Dort geht ein Versetzungswunsch immer über den direkten Vorgesetzten. Doch auch in jedem anderen Unternehmen sollte dieser Weg eingehalten werden. Oder wie würden Sie sich als Vorgesetzter fühlen, wenn Sie von einem Kollegen erfahren, dass sich einer Ihrer Mitarbeiter gerade in dessen Abteilung „wegbeworben" hat?

!

Halten Sie bei internem Wechsel den „Dienstweg" ein.

Der interne Wechsel

Wenn es geklappt hat und Sie sich intern verändern werden, ist es wichtig, den Wechsel gut über die Bühne zu bringen. Denn nicht nur Sie selbst, sondern auch Kollegen und möglicherweise Geschäftskontakte sind davon betroffen.

- → Kündigen Sie den Wechsel rechtzeitig an.
- → Machen Sie Ihre Arbeit bis zum letzten Tag gut!
- → Sorgen Sie für eine reibungslose Übergabe an Ihren Nachfolger beziehungsweise die Kollegen, die Ihr Arbeitsgebiet vertretungsweise übernehmen werden.
- → Erledigen Sie alle offenen Fälle und hinterlassen Sie keine „Leichen".
- → Hinterlassen Sie Ihren Arbeitsplatz aufgeräumt und sauber.

Und – auch für Sie ganz wichtig – bleiben Sie nicht mit einem Fuß in der alten Stelle! Manchmal ist es nötig, für eine Übergangszeit in zwei Positionen aktiv zu sein, etwa um für Fragen des Nachfolgers zur Verfügung zu stehen oder einen komplizierten Fall abzuschließen. Oder weil die Übergabe an den neuen Inhaber Ihrer alten Stelle nicht sofort möglich ist.

Ziehen Sie eine klare Grenze!

Für einen kurzen, überschaubaren Zeitraum ist das absolut in Ordnung. Die Betonung liegt allerdings auf kurz und überschaubar: Lassen Sie sich nicht zwei komplette Stellen aufbürden – und tun Sie es bitte auch nicht selbst.

Wenn der interne Wechsel nicht klappt

Absage bekommen? Ursachenforschung betreiben und Ärmel hochkrempeln!

Sie haben mit Ihrem Chef gesprochen oder sich sogar intern beworben und erst mal einen Korb kassiert? Dann nicht gleich die Unterlippe vorschieben oder spontan die Kündigung tippen. Lassen Sie sich die Gründe sagen. Und arbeiten Sie daran!

Eine Mitarbeiterin in der Verkaufsabteilung möchte gerne eine Führungsposition in dem internationalen Unternehmen übernehmen. Sie spricht mit ihrer Vorgesetzten. Dort erfährt sie, dass aus zwei Gründen momentan keine Möglichkeit besteht: die ungenügenden Englischkenntnisse und mangelnde Führungsqualitäten. Gemeinsam besprechen sie, wie die Mitarbeiterin diese Defizite ausgleichen kann, um – selbst wenn es nicht sofort klappt – an ihrer internen Karriere aktiv zu arbeiten.

Was es heißt, firmenintern zu wechseln, weiß Mitautorin Gitte Härter aus eigener Erfahrung. Fast ein Jahrzehnt war sie in einem Unternehmen tätig, in unterschiedlichen Stellen.

Der grobe Werdegang

Als Quereinsteigerin begann ich zunächst als Vertriebsassistentin und betreute meinen eigenen Kundenkreis. Nach gut einem Jahr war ich an dem Punkt angelangt: „Das kann es nicht gewesen sein", und kündigte. Ich sagte meinem Chef offen, dass ich sehr gerne bei der Firma bleiben würde, aber keine Veränderungsmöglichkeiten sähe.
Mein Chef wollte mich gerne behalten und schuf eine neue Position für mich: „Business Development" (Neukundengewinnung, bestehende Geschäftsbeziehungen intensivieren). Nachdem ich dieses für mich neue Gebiet nach meinen Vorstellungen aufgebaut hatte, stieß ich auch hier nach einiger Zeit wieder an eine Grenze. Ich wollte einfach wieder etwas Neues machen.
Da ich auch diesmal keine Perspektive sah und auch nicht so vermessen war zu glauben, dass mein Chef wieder eine Stelle für mich aus dem Boden stampfen würde, kündigte ich. Ich bewarb mich bei anderen Unternehmen. Mein Chef wusste davon, unterstützte mich auch. Wenn er mich schon nicht halten konnte, so wollte er mir auf jeden Fall helfen. Ein toller Zug von ihm!
Wir kamen schließlich zu einem Agreement: Ich würde noch ein halbes Jahr bleiben und die neu zu schaffende Stelle der Geschäftsführungsassistenz sowie den Einkauf aufbauen, eine Nachfolgerin dafür finden und dann gehen. Das tat ich auch. Anschließend bin ich zu einer Werbeagentur gegangen. Dort lief es nicht nach meinen Vorstellungen

und mein früherer Chef war unzufrieden mit meiner Nachfolgerin.
So kam es, dass ich nach wenigen Wochen wieder in der alten Stelle war. Die hatte ich noch ein Jahr inne und wurde dann gefragt, ob ich den Verkauf leiten wolle. Durch meine vertriebslastige Position und meine jahrelange Erfahrung war ich dafür qualifiziert; ich wollte aber keine Personalverantwortung haben, zumal im Verkauf über 20 Leute tätig waren. Inoffiziell hat es sich dann aber doch ergeben, dass ich immer wieder entsprechende Projekte wahrnahm und auch für Fragen und Entscheidungen da war.
Und so habe ich schließlich nachgegeben und die Vertriebsleitung übernommen.

Wie war der Wechsel – vom fachlichen Standpunkt betrachtet?

Dass ich weitgehend freie Hand hatte, wie ich meine Stelle genau gestalte und ausfülle – sofern ich begründen konnte, warum –, war sehr vorteilhaft für mich. Ich konnte „Unternehmer im Unternehmen" sein, wie sich das viele wünschen.
Natürlich trägt man in einem Job, der einem so viel Freiheit lässt, auch die Verantwortung und muss für Entscheidungen geradestehen. Manchmal hätte ich mir bei all den Freiräumen gewünscht, dass mir jemand sagt, wo es langgeht. Ich hätte gerne einen kompetenten Ansprechpartner gehabt, der mich einweist, mir sagt, worauf es in einem neuen Bereich zu achten gilt, wo Fehlerquellen liegen – und mir auch Feedback zu meiner Arbeitsleistung gibt.
So lief es nach dem „trial and error"-Prinzip: Ich habe mir mit Hilfe von Fachliteratur oder einfach durch Überlegun-

gen meinen Weg selbst geschaffen. Das war nicht immer einfach, aber es ging. Und ich habe durch dieses Selbst-Durchbeißen eine Menge gelernt und auch an Selbstvertrauen gewonnen, was unbekannte Aufgaben und neue Situationen betrifft.
Erstaunt hat mich immer die Erwartung, dass man mit einem neuen Titel sofort die nötigen Fähigkeiten hat und alles kann. Als ich beispielsweise Salesmanager wurde, musste ich auch Budgets aufstellen und Vorhersagen machen zu Entwicklung des Marktes, Umsatzentwicklung, Kosten, Personaleinsatz usw. Davon hatte ich, als ich die Stelle übernahm, keinen blanken Schimmer. Auch Personalführung habe ich durch die Kombination aus der Frage „Was ich von meinem Chef erwarte/nicht gut fände“ und Informationen aus Fachbüchern gelernt.

Wie war der Wechsel – vom persönlichen Standpunkt betrachtet?

Von mir selbst aus war es eigentlich okay. Durch das offene Verhältnis in der Firma konnte ich Unsicherheiten auch immer gerade heraus ansprechen. Es gab natürlich Punkte, wo ich an meine Grenzen stieß und frustriert war oder auch mal in Tränen ausbrach, weil ich nicht weiterwusste. Alles in allem habe ich mich immer sehr wohl gefühlt. Ich wusste, was ich kann, und ich kannte das Unternehmen und die Leute sehr gut. Das hilft natürlich.
Die Kollegen haben meine Wechsel jedes Mal gutgeheißen. Ich habe mich stets um saubere Wechsel gekümmert und blieb ansprechbar, wenn es Fragen gab. Auch die Rückkehr zur Firma, nachdem ich weggegangen war, wurde positiv aufgenommen.

Privatleben und Beruf

„Hier geht es um meinen Traumjob und nicht um das Privatleben!“, denken Sie? Stimmt. Und genau deshalb können wir das Privatleben nicht ausklammern. Denn der Traumjob bleibt nur dann einer, wenn er Ihren Erwartungen an die Freizeit und das Leben neben der Arbeit gerecht wird.

Das richtige Verhältnis von Anspannung und Entspannung ist elementar.

Seit einigen Jahren wird viel darüber diskutiert, wie wichtig es für Gesundheit, Wohlbefinden und Leistungsfähigkeit ist, einen Ausgleich zur Arbeit zu haben und sich regelmäßig zu entspannen.

Der Begriff Erfolg wird immer häufiger aus dem rein beruflichen Kontext gelöst und auf das ganze Leben bezogen. Als erfolgreich gilt in zunehmendem Maße nicht der „Karrieremensch“, der alle anderen Lebensbereiche der Arbeit und dem beruflichen Vorankommen unterordnet, sondern immer stärker derjenige, der die richtige Balance zwischen Berufs- und Privatleben findet: seine Fähigkeiten und Interessen im Job auslebt, sich um die Gesundheit kümmert, seine sozialen Kontakte pflegt und sich der persönlichen Weiterentwicklung widmet. Wie das Verhältnis zwischen Arbeit und Privatleben idealerweise aussehen sollte und was Ausgeglichenheit bedeutet, davon haben unterschiedliche Menschen unterschiedliche Vorstellungen.

Machen Sie sich klar, wie Ihr Traumjob unter diesem Aspekt aussieht.

→ Was ist Ihnen im Leben wichtig? Worauf wollen Sie auf keinen Fall verzichten?

→ Was möchten Sie außerhalb des Jobs machen und unternehmen?

→ Wie wichtig ist Ihnen Ihr Privatleben? Wie viel davon brauchen Sie, damit Sie sich gut fühlen?

____

→ Wie viel Wert legen Sie auf regelmäßige Freizeit? Was bedeutet regelmäßig für Sie (täglich, mehrmals pro Woche, mehrmals im Monat)?

____

→ Wie sieht es mit Wochenenden aus? Sind sie Ihnen heilig?

____

→ Wie viele Stunden wollen Sie maximal am Stück arbeiten?

Was ist Ihnen ganz persönlich wichtig im Leben?

Übrigens: Sie brauchen sich für Ihr Streben nach Freizeit nicht zu rechtfertigen! Immer wieder hören wir im Zusammenhang mit dem Wunsch nach mehr Zeit für das Private Aussagen wie: „Ich denke immer, ich muss ein schlechtes Gewissen haben, wenn ich pünktlich oder auch einmal früher nach Hause möchte.“ Oder: „Ich bin lieber auf meiner Couch, als Karriere zu machen – man lebt doch schließlich nicht, um zu arbeiten.“ Häufig wird eine Entschuldigung gleich nachgeschoben – und wenn der andere die Meinung teilt, dass Freizeit wichtig ist, kommt ein erleichtertes: „Ich dachte schon, ich bin alleine dieser Ansicht!“
Wenn die Balance zwischen Beruf und Privatleben nicht stimmt, wird der Job – auch wenn man ihn an sich sehr gerne macht – leicht zu einer permanenten Belastung. Wer das Gefühl hat, zugunsten der Arbeit andere Dinge ständig zurückstellen zu müssen und für nichts anderes als den Job Zeit zu haben, ist nur selten zufrieden und erfüllt. Mit Traumjob ist nicht gemeint, dass man total im Beruf aufgeht und sich um sonst nichts mehr kümmert. Wie viele medizinische und psychologische Erkenntnisse der letzten Jahre zeigen, ist ein aus-

Der schönste Job kann schnell zur Belastung werden, wenn man das Leben von ihm beherrschen lässt.

geglichenes Verhältnis zwischen den einzelnen Lebensbereichen wichtig für ein zufriedenes und erfülltes (Berufs-)Leben. Wird dieses Gleichgewicht dauerhaft gestört, wirkt sich das spürbar aus – und zwar auf das ganze Leben. Wer nicht für den nötigen Ausgleich sorgt, merkt zum Beispiel, dass er schneller ungeduldig wird, leichter reizbar und aggressiv ist, schnell die Gelassenheit verliert. Und natürlich ist auch die Gesundheit weniger stabil: Wer überarbeitet und übermüdet ist, fängt sich schneller eine Erkältung ein oder leidet unter Kopfschmerzen oder Verspannungen. Die Folge ist eine Beeinträchtigung sowohl des Berufs- als auch des Privatlebens.

Überforderung verändert die Persönlichkeit und beeinträchtigt das Miteinander.

Ein Beispiel: Jemand geht in seinem Beruf auf, er hat seinen Traumjob. Er stellt den Beruf in den Mittelpunkt seines Lebens. Von früh bis spät dreht sich alles um den Job, und auch am Wochenende geht er lieber noch einmal ins Büro, um sicherzustellen, dass alles so läuft, wie es soll. Langsam, aber sicher zeigen sich die Folgen des mangelnden Ausgleichs: Er wird schneller ungeduldig und ist deutlich reizbarer als früher. Das führt in seinem beruflichen wie auch im privaten Umfeld zu „dicker Luft“ und hat sogar Streit zur Folge. Belastung, Druck und Stress steigen, der Betroffene wird mit seiner Situation immer unzufriedener. Denn statt sich auf seinen Traumjob konzentrieren zu können, ist er bald mit immer mehr Problemen konfrontiert, die ihm Energie und auch Zeit rauben. Wenn dies lange genug andauert, kann es dazu führen, dass man alles verliert: Lebenspartner, Familie, Freunde, den Job oder auch „nur“ den Spaß am Beruf.

Haben Sie Ihren Traumjob schon – nur die Arbeitszeiten passen nicht?

Seien Sie klug und gehen Sie sorgsam mit Ihren Bedürfnissen um.

Vielleicht haben Sie Ihren Traumjob schon – wenn Sie nur nicht so viel arbeiten müssten!

Überlegen Sie sich, inwieweit Sie Ihre Arbeitszeit reduzieren möchten und wie die idealen Rahmenbedingungen für Sie aussehen. Sprechen Sie mit Ihrem Vorgesetzten und finden Sie heraus, welche Möglichkeiten Sie ausschöpfen können.
Machen Sie sich intensiv Gedanken darüber, welche Konsequenzen mit einer Reduzierung der Arbeitszeiten einhergehen würden und ob Sie damit leben könnten (weniger Geld, man ist weniger präsent und fühlt sich möglicherweise weniger zugehörig, bestimmte Aufstiegschancen gibt es dann nicht mehr usw.).
Dass berufliches Vorankommen und Aufstieg zwangsläufig mit extremen Arbeitszeiten einhergehen, ist immer noch weit verbreitet. Das Gegenteil propagiert ein Slogan, der in den letzten Jahren populär geworden ist: „Work smart, not hard." Richtig umgesetzt bedeutet das, ökonomisch mit seinen Ressourcen umzugehen und Zeit und Energie möglichst effizient einzusetzen. Viele Menschen haben das Gefühl, von ihrem Job erdrückt zu werden – je höher die Position und je größer die damit verbundene Verantwortung, umso häufiger ist das der Fall. Auch wenn zunehmend von Effizienz und Ergebnisorientiertheit die Rede ist, messen viele nach wie vor den Wert ihrer Arbeit daran, wie präsent sie in der Firma sind und wie viele Überstunden sie machen. Noch immer sind viele leitende Angestellte und auch Selbstständige der Meinung, dass extrem harte Arbeit sowie regelmäßige und zahlreiche Überstunden von ihnen erwartet werden und von ihnen in Kauf genommen werden müssen, wenn sie Karriere machen wollen. Entsprechend hoch sind Druck und Stress, was nicht selten dazu führt, dass der ursprüngliche Traumjob zur Last wird und sowohl die Lebensqualität als auch die Qualität der Arbeit selbst leiden. Viel Arbeit heißt nicht automatisch gute Arbeit!

!

Wählen Sie Ihren Weg und gehen Sie ihn zielstrebig – Kursänderungen sind aber immer möglich!

Wenn Sie merken, dass Sie sich mit großem Elan in Ihre Arbeit stürzen und eigentlich gar keine Lust auf Freizeit haben, dann sehen Sie sich Ihre private Situation etwas genauer an. Es kann durchaus sein, dass Ihr derzeitiges Privatleben nicht so positiv für Sie ist. Vielleicht wissen Sie nicht, was Sie überhaupt mit Ihrer Freizeit anfangen sollen, oder möchten persönlichen Schwierigkeiten aus dem Weg gehen. Lassen Sie sich nicht von der weit verbreiteten Meinung, dass beruflicher Aufstieg und Privatleben nicht miteinander vereinbar seien, einschüchtern und davon abhalten, eine höhere und verantwortungsvollere Position anzupeilen. Werden Sie sich über Ihre Erwartungen und Ansprüche klar und suchen Sie sich den Arbeitgeber und die Aufgabe dazu passend aus.

Fazit

Machen Sie sich Gedanken darüber, was Karriere und Erfolg für Sie bedeuten. Lassen Sie sich nicht durch gängige Vorstellungen oder die Erwartungen anderer Leute einschränken oder in eine bestimmte Richtung drängen.

Wenn Sie Karriere machen und in Ihrem Beruf weiterkommen wollen – ob Sie nun eine Führungsposition anstreben oder eine andere Art von Karriere –, sollten Sie Folgendes beachten:

- ➔ Machen Sie sich klar, welche Anforderungen damit verbunden sind und welche Erwartungen an Sie gestellt werden.
- ➔ Seien Sie sich Ihrer Fähigkeiten, Ihrer Talente und Ihres Know-hows bewusst.
- ➔ Machen Sie sich Ihre Schwächen und Defizite klar – und arbeiten Sie daran.
- ➔ Achten Sie auf die richtige Balance von Beruf und Privatleben.

Aus einer Krise heraus den Traumjob ergriffen

Manchmal ist man in seinem Beruf einfach am Ende – völlig energielos und regelrecht ausgebrannt. Elke Stöckert, München, kennt das aus eigener Erfahrung:

Ich war einige Jahre als Marketingleiterin in einem mittelständischen Unternehmen angestellt. Dieser Job hat sehr an meinen Nerven und an meiner Substanz gezehrt. Manchmal war ich so fertig, dass ich nicht einmal mehr die Energie hatte, meine Pflanzen zu gießen oder eine Maschine Wäsche zu waschen. Im Prinzip war ich nur noch zwecks Übernachtung zu Hause.

Schließlich habe ich mich entschieden, alles hinzuschmeißen und erst einmal gar nichts zu machen. Ich wollte einfach nur meine Ruhe, nach dem Motto: „Der Sommer gehört mir allein."

In den ersten beiden Monaten meiner „Pause" habe ich nur gemacht, wozu ich Lust hatte: Rad fahren, lesen, Kaffee trinken, alte Freunde und meine Familie besuchen (die ich sträflich vernachlässigt hatte) etc.

Irgendwann (nachdem ich wieder Kraft getankt und Abstand vom Job hatte) habe ich mich in Ruhe hingesetzt und „meine Hausaufgaben" gemacht, sprich: eine Analyse, was mir an meiner Arbeit gefällt, was mir im alten Job gefallen und missfallen hat, was ich mir beruflich wünsche und so weiter.

Herausgekommen ist, dass eine erneute Festanstellung wahrscheinlich sehr schnell in die alte Situation führen würde. So fing ich an, meine Selbstständigkeit zu planen, Konzepte auszuarbeiten, einen Businessplan aufzustellen, Bankengespräche zu führen etc. Und siehe da, alle geplanten Projekte liefen wie von Zauberhand geführt.

Seit über einem Jahr bin ich mit meiner eigenen Marketingfirma sehr erfolgreich selbstständig und konnte bereits nach einem halben Jahr feststellen, dass ich regelmäßig ausgebucht bin und mir in dieser kurzen Zeit eine Vollexistenz aufgebaut hatte. Ich habe wieder viel zu tun und es ist selbstverständlich auch oft stressig, aber die Arbeitsqualität ist einfach eine ganz andere.
Ich glaube heute, dass der Schritt in die Selbstständigkeit und die Vorgehensweise – erst einmal zur Ruhe kommen, Abstand gewinnen, objektiv die Situation analysieren etc. – die beste Entscheidung war, die ich je getroffen habe.

3

Ganz was Neues?

Wenn Ihr Traumjob einen kompletten Wechsel für Sie mit sich bringen würde – einen neuen Beruf oder eine neue Branche –, stellt sich die Frage des erfolgreichen Quereinstiegs. Je nachdem, was Sie an Qualifikation und auch an Ehrgeiz mitbringen, und natürlich abhängig davon, was Sie anstreben, ist dies leichter oder schwerer. Möglich ist vieles. Aber einfach ist es nicht unbedingt. Und gerade Quereinsteiger brauchen zusätzlich einen längeren Atem.

Quereinsteiger brauchen einen längeren Atem.

Das soll Sie jedoch nicht abschrecken! Immerhin handelt es sich ja um Ihren beruflichen Traum, den Sie verwirklichen möchten.

!

Nicht immer hat man realistische Einblicke in den angestrebten Beruf. Und die Wirklichkeit, der Berufsalltag mit all seiner Routine, die es ja in allen Bereichen gibt, kann den vermeintlichen Traum schnell platzen lassen. Deshalb ist es wichtig, Ihre Vorstellungen genauer abzuklopfen und einen Realitäts-Check zu machen.

Dass Sie dieses Buch lesen, zeigt, dass Sie sich ernsthaft mit Ihren beruflichen Vorstellungen beschäftigen und Zeit und Energie in eine intensive Vorbereitung investieren wollen. Das wird sich für Sie lohnen!

Intensive Vorbereitung zahlt sich aus.

Wir werden in diesem Buchabschnitt ganz ausführlich auf folgende Themenbereiche eingehen:

- → Der Quereinstieg in einen anderen Beruf
- → Der Wechsel in eine fremde Branche
- → Wie wichtig es ist, sich konkret zu informieren und möglichst Praxiserfahrung zu sammeln (Realitäts-Check)
- → Wie man sich gut präsentiert, um erfolgreich zu wechseln

Außerdem widmen wir einen separaten Abschnitt der Selbstständigkeit. Wir besprechen die Vor- und Nachteile und was Sie sich gründlich überlegen sollten, bevor Sie Ihr eigener Chef werden.

Auch zu diesem Themenbereich finden Sie hilfreiche Literatur- und Web-Tipps im Anhang.

Ihre Motivation für den Wechsel

Wenn Sie zu den Menschen gehören, die Aufgabenstellungen in Büchern eher überspringen als damit zu arbeiten, dann möchten wir Sie bitten, bei diesem Buch eine Ausnahme zu machen. Sie haben sich mit dem Wunsch nach einer beruflichen Neuorientierung einiges vorgenommen und sind in Ihrem jetzigen Beruf offensichtlich entweder nicht glücklich oder aber ganz zufrieden, denken jedoch, dass es woanders noch besser sein könnte. Oder Sie möchten sich buchstäblich einen beruflichen Traum erfüllen.

Bevor Sie sich also in Aktivitäten stürzen, möchten wir Ihnen empfehlen, sich konkret mit Ihrer aktuellen Situation und mit Ihrer Motivation für den Wechsel auseinander zu setzen. Dabei helfen Ihnen die vielen Übungen in diesem Buch. Insbesondere das erste Kapitel gibt Ihnen gute Hinweise dazu.

Die Motivation herausfinden

Warum ist es so wichtig, sich erstmal mit der Motivation, also den Gründen, intensiv auseinander zu setzen? Weil es sein kann, dass der Schein trügt oder dass es eigentlich um etwas anderes geht:

- Ihr lang gehegter Traum ist gar kein Traum mehr: Nicht immer unterzieht man einmal gesetzte Ziele oder frühere Träume einer genaueren Prüfung. Sie haben sich im Kopf festgesetzt und man geht automatisch davon aus, dass sie nach wie vor erstrebenswert sind – auch wenn dies vielleicht nicht mehr der Fall ist.
- Sie haben in Ihrer derzeitigen beruflichen Situation Schwierigkeiten oder leiden unter Lustlosigkeit und hoffen, sie ganz einfach dadurch loszuwerden, dass Sie sich verändern. Wenn Sie den Dingen nicht auf den Grund gehen, kann es sein, dass Sie Ihre Unzufriedenheit in die neue Position mitnehmen und sich nichts verbessert.
- Der vermeintliche Traumberuf entspricht gar nicht Ihren persönlichen Vorstellungen, sondern passt nur in den Augen anderer wunderbar zu Ihnen. Das können Freunde, Familie, Kollegen sein. Es kann sich allerdings auch um gesellschaftlich anerkannte und erstrebenswerte Vorstellungen drehen, die Sie sich zu Eigen gemacht haben.
- Sie sind an einem Punkt Ihres Lebens angelangt, wo Sie sich fragen: „War das alles?" Auch Unzufriedenheit im Privatleben oder eine ganz persönliche Krise können dazu beitragen, dass der Wunsch nach beruflicher Veränderung riesig wird, obwohl Sie mit Ihrer gegenwärtigen Position ganz zufrieden sind, die privaten Probleme aber ins Berufsleben verlagern.
- Auch das Selbstwertgefühl kann eine große Rolle spielen: Wer kein allzu gutes Bild von sich selbst hat und auf die eigenen Defizite konzentriert ist oder sich zu wenig anerkannt fühlt, erhofft sich möglicherweise von einem beruflichen Wechsel mehr „Profil" und weniger Selbstzweifel. Es könnte sein, dass jemand durch eine besondere Karriere attraktiver erscheinen oder durch einen ein-

schneidenden erfolgreichen Berufswechsel Bewunderung erhalten möchte.

→ Sie fühlen sich in Ihrer derzeitigen beruflichen Situation unsicher oder trauen sich einen bevorstehenden Karriereschritt nicht zu. Anstatt dies vor sich und anderen zuzugeben oder sich diesem Zweifel zu stellen, reißen Sie das Steuer herum und stellen die Weichen neu.

Häufig werden persönliche Probleme, die man nicht wahrhaben möchte, auf den Beruf verlagert, weil man mit der „geschäftlichen Seite des Lebens" oftmals besser umgehen kann. Leider lösen sich Schwierigkeiten und Probleme dadurch nicht auf, sondern schwelen weiter – und beeinträchtigen letztendlich auch Motivation und Leistungsfähigkeit im Arbeitsalltag.

Die Veränderung sollte keine Flucht sein.

Bitte sehen Sie genau hin: Vergewissern Sie sich, dass die berufliche Veränderung keine Flucht- oder Ersatzhandlung darstellt. Es ist besser, Ihre Pläne bewusst abzuhaken, als zu spät zu merken, dass Sie vor etwas davonlaufen.

Wer seine Beweggründe kennt, fühlt sich stärker.

Zusatznutzen: Gegebenenfalls können Sie sich Ihrer Entscheidung und Ihrer Motivation noch sicherer sein und fühlen sich deshalb besser und stärker.

So, Sie haben Ihre Motivation gründlich geprüft und sind sich Ihrer Sache sicher. Sie haben Ihren angestrebten Traumjob von allen Seiten betrachtet und wissen, was Sie möchten. Dann lassen Sie uns jetzt eine Ebene tiefer gehen und besondere Aspekte, die für Ihre berufliche Neuorientierung wichtig sind, näher betrachten.

In eine fremde Branche gehen

Manchmal sind es spezielle Branchen und keine konkreten Berufsbilder, die einen Reiz auf uns ausüben. Ob es die Medienbranche ist, die man als kreativ und spannend ansieht, ob es die Technik ist, die uns fasziniert, ob Gastronomie- und Hotellerie, weil man sich vielleicht wünscht, später für eine internationale Kette tätig zu sein und ins Ausland zu gehen ... Die Gründe sind vielfältig und vor allen Dingen individuell verschieden. Dabei hat die „Traum"-Branche nicht unbedingt etwas mit Glamour zu tun. Ich betone das, weil mit dem Wort Traumberuf häufig in einem Atemzug alleine die künstlerisch-kreativen Branchen genannt werden. Diese Sicht ist jedoch sehr eingeschränkt, denn Träume sind unterschiedlich. Die Anziehungskraft einer gewissen Branche ist immer eine ganz persönliche Sache. Und darum geht es. Benennen Sie für sich ganz genau, was Sie an der angestrebten Branche fasziniert und warum Sie ausgerechnet dort Fuß fassen möchten (auf neue Berufe gehen wir ab Seite 128 näher ein). Dann können Sie Ihre Ziele konkreter verfolgen und damit auch schneller erreichen. Vor allen Dingen aber können Sie wieder einmal den so wichtigen Realitäts-Check machen: Möglicherweise haben Sie eine falsche Vorstellung von einer bestimmten Branche. Um dem vorzubeugen, können Sie viel tun!

Was fasziniert Sie gerade an dieser Branche?

„Unter Traumberuf versteht man landläufig solche Berufe wie Schauspieler, Sänger, Politiker ... Tätigkeiten, die mit öffentlichem Ansehen verbunden sind. Doch was ist, wenn man wie ich einem viel banaleren Beruf als Traumberufsfeld nachhängt? Mein Wunsch ist, im Bauhandwerk Fuß zu fassen."
Das ist in Auszügen eine Frage, die kürzlich an uns herangetragen wurde. Der Fragesteller hatte mit dem Arbeitsamt gesprochen, sein Wunsch wurde dort jedoch nicht unterstützt. Die Begründung – zu alt und überqualifziert – kann der über 40-Jährige sogar nachvollziehen. Er beschreibt seinen

Wunsch selbst als ungewöhnlich: Ein erfolgreicher Ingenieur, der in einem mindere Qualifikation erfordernden Berufsfeld tätig sein will, einer unsicheren Branche, und dabei auch noch bereit ist, Einkommensverluste hinzunehmen.
Dennoch sucht er Rat, wie er seinen Traum, ins Bauhandwerk zu wechseln, doch noch umsetzen kann.

Der Traumberuf sieht für jeden anders aus.

Das ist in vielerlei Hinsicht ein schönes Beispiel: Der Fragesteller geht sehr aktiv an sein Vorhaben heran: Neben dem „Wie stelle ich es an?" beschäftigt ihn auch die Imagefrage: Was soll ich tun, wenn ich in einen im Verhältnis zu sonstigen Traumberufen „banalen" Job wechseln möchte? Versteht mich jemand oder muss ich mich dafür auch noch rechtfertigen? Tue ich das Richtige?
Die Frage zeigt außerdem, dass sich da jemand ernsthaft um seinen Traum bemüht: Durch ein Gespräch mit der Arbeitsagentur und das Abchecken anderer Unterstützungsmöglichkeiten (siehe auch Seite 220). Und trotz des abschlägigen Bescheides lässt er sich nicht gleich entmutigen, sondern sucht sich weitere Informationsquellen –, in diesem Fall im Internet, um neue Impulse zu erhalten.
Aus der Anfrage gehen ein paar wichtige Aspekte hervor, die einen näheren Blick wert sind. Sehen Sie sich auch Ihren speziellen Fall nach diesem Muster etwas näher an. In unserem Beispiel sind das:

→ *Vorbehalte näher betrachten*
Hören Sie bei Vorbehalten genau hin! Ziehen Sie nie beleidigt die Unterlippe nach vorne und verschränken trotzig die Arme nach dem Motto: „Keiner versteht mich, jeder will mich von meinem Ziel abbringen." Nutzen Sie die Gegenargumente und Bedenken, um sie näher zu untersuchen.

Hindernisse lassen sich für Ihre Zwecke nutzen.

Beispiel „überqualifiziert": Das Problem kennen viele Bewerber – auch wenn sie innerhalb der eigenen Branche

bleiben. Ich selbst habe es in meiner Angestelltenzeit häufig erlebt und mit einem „Sie sind überqualifiziert" Körbe eingesteckt. Oft war ich mehr als frustriert und dachte: „Lasst *mich* doch entscheiden, was ich tun will! Seid doch froh, wenn ich noch mehr kann, als Ihr eigentlich für die Stelle wollt!" Im Rückblick muss ich sagen, dass es in vielen dieser Situationen ganz gut war, dass man mich vor mir selbst „geschützt" hat. Denn ich wäre in einigen der angestrebten Positionen tatsächlich fehl am Platz gewesen. Schließlich ist niemandem damit gedient, wenn man sich nach kurzer Zeit schon wieder trennt oder unglücklich und unterfordert in der neuen Stelle ist.
Deshalb: Setzen Sie sich mit Einwänden konkret auseinander! Denken Sie darüber nach, bilden Sie sich Ihre Meinung dazu. Sie werden feststellen, dass an manchen Einwänden durchaus etwas dran ist, oder aber Sie können sie nach gründlicher Überlegung „gecheckt" beiseite legen.

Betrachten Sie Einwände näher – und werden Sie aktiv!

Fragen Sie bei einem Einwand immer nach, was der andere konkret meint. Wenn jemand sagt, Sie seien für die Stelle überqualifiziert, dann gehen Sie nicht gleich in die Offensive, sondern haken Sie nach: „In welcher Beziehung genau glauben Sie, ich sei überqualifiziert?" Wenn jemand sagt, Sie seien zu alt: „Was meinen Sie damit genau?" Erst dann können Sie mit Einwänden auch wirklich etwas anfangen, sich gezielt damit beschäftigen und überzeugende Gegenargumente bringen, wenn Sie die Sache anders sehen.

→ *Sich über die angestrebte Branche informieren*
Wenn Sie in eine neue Branche wechseln, ist es sehr wichtig, sich ein konkretes Bild zu machen, und zwar ein umfassendes – von der Marktsituation (unsichere oder boomende Branche) über Berufschancen bis hin zu Verdienstmöglichkeiten, Perspektiven etc.

Lernen Sie die Branche besser kennen.

So können Sie sich über Branchen informieren

Das Internet ist eine hervorragende Quelle für Brancheninfos.

- → *Branchenverbände*
  Die erste Adresse sollte immer ein Branchenverband sein. Dort können Sie Material anfordern und erhalten wichtige Informationen rund um Branche, Berufe, Perspektiven – eben alle relevanten Aspekte! Wenn Sie den Branchenverband nicht kennen, nutzen Sie entweder das Internet (einfach die Branche und „Verband" in die Suchmaschine eingeben) oder fragen Sie in der Marketingabteilung einer Firma dieser Branche nach.
- → *Fachzeitschriften*
  Informieren Sie sich, welches die wichtigsten Fachzeitschriften in der von Ihnen anvisierten Branche sind. Dort finden Sie ausführliches Branchenwissen und erfahren, wer die Big Player in diesem Geschäftsbereich sind. Und es gibt in der Regel dort auch einen Stellenmarkt, durch den Sie sich informieren können – oder sich direkt bewerben. Eine gute Quelle für Fachzeitschriften sind Bibliotheken, Zeitschriftenläden an Hauptbahnhöfen und/oder Flughäfen (= breites Sortiment, speziell an Fachzeitschriften) und natürlich das Internet. Wenn Sie ganz unsicher sind, welche Zeitschrift wichtig für die Branche ist, wenden Sie sich an einen Branchenverband oder rufen Sie ein Unternehmen der Branche an und fragen Sie in der Marketingabteilung nach. Dort gibt man Ihnen sicher gerne Auskunft.
- → *Messen*
  Besuchen Sie Fachmessen und sammeln Sie vor Ort Informationen. Nicht jede Fachmesse ist aber für Endverbraucher geöffnet – informieren Sie sich beim Messeveranstalter. Auch Messekataloge und Messe-Websites können Ihnen wichtige Informationen liefern.

→ *Zeitungen – Wirtschaftsteil*
Durchforsten Sie den Wirtschaftsteil der Zeitung. Auch dort finden Sie gute Informationen sowohl zu verschiedenen Branchen als auch zu einzelnen Unternehmen.

Alle genannten Informationsquellen können Sie auch online nutzen, mit komfortabler Suche über Suchmaschinen oder innerhalb branchenspezifischer Webangebote.
Solche Brancheninformationen sind nicht nur dafür wichtig, Ihre Pläne näher abzuklopfen und sich zu entscheiden, ob Sie den Wechsel in diese Branche tatsächlich angehen möchten, sondern sie helfen Ihnen auch bei Ihrer Bewerbung. Sie zeigen, dass Sie sich gut über die neue Branche informiert und „Ihre Hausaufgaben gemacht" haben. Das gibt Ihnen Sicherheit – und beeindruckt potenzielle Arbeitgeber.

Branchenkenntnisse helfen Ihnen auch später bei Ihrer Bewerbung.

Das Aufgeben eines erfolgreichen Jobs – die finanzielle Situation

Sie haben es anhand der Aufgaben in den ersten Kapiteln bereits gesehen: Auch wenn man unbedingt etwas Neues machen will, heißt das nicht zwingend, dass man das, was man bereits macht und kann, völlig aufgeben möchte.

Der Elektroingenieur ist leidenschaftlicher Entwickler. Schon lange trägt er sich mit dem Gedanken, in den Einzelhandel zu wechseln, weil er gerne mit Menschen zu tun hat und ihm Beratung liegt. Ein Wechsel in eine neue Branche wird ihm gut tun, das weiß er, und er hat es sich gut überlegt. Gleichzeitig liebt er den Umgang mit Elektronik und das Tüfteln und Entwickeln.

Die Entscheidung kann ihm niemand abnehmen. Wichtig ist jedoch, dass er sorgsam abwägt, was er tun will und wie er idealerweise alle Tätigkeiten, die er gerne macht, in Einklang bringen kann. Vielleicht lässt sich das im Hauptberuf nicht realisieren und er muss sich etwas einfallen lassen. So könnte er zum Beispiel eine Teilzeitstelle im Einzelhandel annehmen und in der verbleibenden Zeit auf selbstständiger Basis Entwicklungsprojekte übernehmen.

Kombinieren Sie Ihre Interessen und Vorstellungen doch einfach!

Der zweite Aspekt ist die finanzielle Situation: Ein Wechsel kann Sie finanziell besser stellen, er kann aber auch mit finanziellen Einbußen verbunden sein. Diese können temporär sein, sich beispielsweise auf die Einstiegsphase beschränken, oder aber permanent, wenn der von Ihnen angestrebte Beruf oder die Branche unter Ihrem bisherigen Gehaltsniveau liegt.

Mit harten Fakten rechnen

Ja, Geld ist nicht alles und es macht allein auch nicht glücklich. Aber jeder braucht es zum Leben und nur Sie selbst wissen, wie viel Sie persönlich benötigen. Rechnen Sie also bei aller Träumerei und Selbstverwirklichung auch in harten Fakten: Wie sehen Ihre Lebenshaltungskosten aus? Was brauchen Sie für Extras? Haben Sie Familie zu versorgen?

Es kann sein, dass Sie einen Traum zunächst aus finanziellen Gründen nicht verwirklichen können. Das soll nicht heißen, dass Sie Ihren Traum begraben müssen – es heißt lediglich, dass Sie andere Möglichkeiten finden müssen, zum Beispiel Ihre Kosten senken und Abstriche machen oder zusätzliche Einkünfte haben.

Haben Sie schon ein ganz konkretes Berufsbild vor Augen? Oder ist Ihr großes Ziel erst mal, den Fuß in die neue Branche zu bekommen? Möglicherweise haben Sie noch gar keine Vorstellung davon, welche Berufe es in Ihrer Traumbranche gibt. Wer das Angebot nicht kennt, tut sich schwer mit der Orientierung.

Zäumen Sie das Pferd nicht von hinten auf!

Das Pferd von hinten zäumt dieser Bewerber auf: „Welche Jobs kann man in der Informations- und Telekommunikationsbranche als Seiteneinsteiger bekommen? Welches sind gefragte und gesuchte Jobs in der Branche? Vorkenntnisse habe ich keine, nur ein sehr großes Interesse an den neuen Medien. Welche Firmen geben Quereinsteigern eine Chance?"

Stopp!

Zwar ist diese Frage, die ich in einem Internetforum gelesen habe, im Prinzip ganz in Ordnung: Da will jemand wissen, welche Möglichkeiten es gibt. Aber:

- ➔ Die Fragestellung ist zu ungenau/undifferenziert: „Informations- und Telekommunikationsbranche" ist viel zu weit gefasst.
- ➔ Die Frage nach „gesuchten Jobs in der Branche" deutet darauf hin, dass er sich überhaupt nicht mit den eigenen Wünschen, Kenntnissen und Fähigkeiten auseinander setzt, sondern darauf hofft, dass man ihn schon nehmen wird, wenn genug Nachfrage in einem Beruf herrscht.
- ➔ Er hat keine Vorkenntnisse, sondern nur Interesse – was keinem vernünftigen Arbeitgeber reichen wird!

Beantworten wir die allerletzte Frage zuerst: Welche Unternehmen geben Quereinsteigern eine Chance?

Firmen suchen passende Mitarbeiter – fachlich und persönlich.

Ganz klar: Eine Firma wird sich für den Bewerber entscheiden, der fachlich und persönlich am qualifiziertesten erscheint und auch mit seinen Gehaltsvorstellungen zum Budget des Unternehmens passt.

Unternehmen investieren in Ausbildung, wenn es sich für sie lohnt.

Wer in eine fremde Branche einsteigen möchte, konkurriert bei einer Bewerbung mit Kandidaten, die Branchenkenntnisse und vor allen Dingen Berufserfahrung haben. Das ist ein Fakt, bei dem es nicht um „Man gebe mir eine Chance!"geht. Eine Firma wird nur dann in die Aus- oder Fortbildung von neuen Mitarbeitern investieren, wenn sie es sich leisten kann und/ oder möchte, wobei „kann" sich auf den zeitlichen und finanziellen Einsatz bezieht. Es muss Gründe geben, die diesen rechtfertigen, zum Beispiel weil tatsächlich eine so große

Nachfrage in einem bestimmten Berufsfeld besteht, dass das Unternehmen sich dafür entscheidet, in die Ausbildung neuer Mitarbeiter zu investieren. Dann müssen jedoch auch andere Voraussetzungen stimmen. Oder aber der Bewerber ist für das Unternehmen so interessant, dass es ihn gerne einstellen möchte und in die nötige Weiterbildung investiert.

Bitte beachten Sie das Wort „investieren“: Für das Unternehmen muss sich der zusätzliche Aufwand lohnen. Zum Thema Konkurrenz und Bewerbung finden Sie Näheres ab Seite 222.

Es wird schwerlich möglich sein, konkret Firmen zu benennen, die offen für Quereinsteiger sind. Dies ist immer eine individuelle Entscheidung, die bei manchen Unternehmen Firmenpolitik ist („Wir nehmen ausschließlich Fachkräfte“) oder aber auch von einzelnen Entscheidern abhängt. Innerhalb eines Unternehmens kann der eine Abteilungsleiter hier offener sein als ein anderer.

Auf die Persönlichkeit kommt es an!

Die gute Nachricht: In den letzten Jahren hat sich auch in Deutschland der Schwerpunkt mehr und mehr verlagert. In vielen Firmen hat man erkannt, dass es sehr stark auf die Persönlichkeit der Mitarbeiter ankommt. Fehlende Fachkenntnisse kann man häufig problemlos durch Trainings ausgleichen, wenn die persönlichen Voraussetzungen gegeben sind und die Einstellung der Mitarbeiter passt.

Doch es gibt auch spezielle Quereinsteiger-Programme. In der Regel ist das der Fall, wenn in einem bestimmten Bereich Fachkräfte fehlen. Im Rahmen eines Quereinsteiger-Programmes übernimmt das Unternehmen die Ausbildung.

Konkretisieren Sie die Branche und das Berufsfeld

In unserem Beispiel lautete die Frage: „Welche Jobs kann man in der Informations- und Telekommunikationsbranche als Seiteneinsteiger bekommen?“ Diese Frage ist praktisch nicht zu beantworten, weil sowohl die Branche viel zu groß gefasst ist als auch die Berufe in keiner Weise eingegrenzt werden. Und selbst wenn man sich die Mühe machte, jeden möglichen Geschäftszweig und Beruf aufzuzählen, wäre ein Großteil dieser Arbeit umsonst – denn natürlich kann nur der Fragesteller weiter differenzieren, was für ihn infrage kommt.

Konkrete Fragen bringen schneller die richtigen Antworten.

Damit Sie eine bessere Vorstellung bekommen, was gemeint ist, hier ein Auszug aus der Beschreibung von Angebotsschwerpunkten der CeBIT in Hannover, der Messe für die IT-Branche: Informationstechnik, CIM, Computersoftware, Dienstleistungen, Telekommunikation, Multimedia, Bürotechnik, Banktechnik, Netzwerktechnik, Internet, Intranet, Sicherheitstechnik, Datenschutz, Kartentechnik, Forschung und Entwicklung. Sie sehen, dass auch diese Unterteilung noch sehr grob ist: Jeder dieser Geschäftsbereiche ist noch vielfach verzweigt.
Dasselbe gilt für Berufsbilder. Auch hier beispielhaft eine sehr grobe Aufteilung: Management, Forschung, Entwicklung, Konstruktion, Planung, Arbeitsvorbereitung, Fertigung, Produktion, Qualitätskontrolle, Einkauf, Finanzen & Controlling, Verwaltung, Organisation, Personalwesen, Marketing, Vertrieb, Werbung, PR, Lagerhaltung & Materialwirtschaft, Logistik & Transport, Wartung, Instandhaltung.
Klären Sie also zunächst ab, welche Branche Sie interessiert, und weiter, welche Bereiche innerhalb dieser Branche: Welche Berufsbilder reizen Sie? Wenn Sie keine konkreten Berufsbezeichnungen kennen, machen Sie sich eine Aufstellung, wie die Aufgabe/Tätigkeit aussehen sollte, für die Sie sich interessieren.

Möglicherweise fällt es Ihnen leichter auszuschließen, was Sie nicht möchten. Das hilft auch schon, die Suche einzugrenzen.

Nicht nur nach der Nachfrage richten!

Natürlich ist es verständlich, dass Menschen, die sich beruflich verändern wollen, den Einstieg in eine neue Branche „irgendwie" schaffen möchten, gerade wenn sie ausbildungs- oder erfahrungsmäßig nichts vorweisen können. Dennoch ist ihnen nicht damit gedient, sich ausschließlich daran zu orientieren, wo möglicherweise bessere Chancen bestehen.
Wenn ich Ihnen jetzt sage, gute Vertriebsleute sind in jeder Branche gefragt, Sie aber das kalte Grausen bei dem Gedanken bekommen, in den aktiven Verkauf und die Kundenberatung zu gehen, dann sollten Sie sich lieber nicht für den Vertrieb bewerben. (Abgesehen davon, dass Sie möglicherweise ein falsches Bild vom Vertrieb haben – zum Wechseln in neue Berufsbilder siehe Seite 128.)
Deshalb ist die eben genannte Übung so wichtig: Sehen Sie sich ruhig um, welche Möglichkeiten sich Ihnen bieten – aber stellen Sie Ihre Vorstellungen und auch Ihre Vorlieben nicht völlig hintenan. Sie werden in jedem Beruf nur dann gut sein, wenn Sie ihn gerne machen.

Nur wer seinen Beruf gern mag, ist auch gut darin!

Welche Vorkenntnisse haben Sie?

Vorkenntnisse habe er keine, sagt unser Beispielbewerber, aber Interesse an der Branche. Wie dieses Interesse aussieht, wissen wir nicht. Es kann persönliche Faszination sein oder auch eine Goldgräberstimmung aufgrund von Gerüchten, in der IT-Branche werde „jeder" eingestellt und es könnten hohe Gehälter erzielt werden.

Vorkenntnisse hat man immer

Es sind möglicherweise keinerlei Branchenkenntnisse oder -erfahrung vorhanden. Doch jeder Mensch hat Eigenschaften,

Jeder kann etwas, das relevant ist.

Kenntnisse und Fähigkeiten, die für verschiedene Situationen hilfreich und nützlich sind.

> Die Kinderkrankenschwester möchte ins Marketing wechseln. Trotz ihrer Ausbildung zur Event-Managerin befürchtet sie, dass man ihr keine Chance geben wird, weil ihr Praxiserfahrung, zum Beispiel im Organisieren, fehlt. Tatsächlich hat sie in ihrem Berufsalltag als Kinderkrankenschwester und stellvertretende Stationsleiterin ständig mit Organisation und Management zu tun. Da ihr dieser berufliche Alltag so selbstverständlich erscheint, betrachtet sie ihre Fähigkeiten und ihre Erfahrung nicht als „Vorkenntnisse"; sie hat sich selbst darauf „gepolt", dass sie ein völliger Anfänger und Nichtswisser in der neuen Branche ist.

Nehmen Sie die Notizen zu Ihrem Traumjob, der angestrebten Branche und/oder dem Berufsbild und gehen Sie durch, was Sie bereits vorweisen können. Konzentrieren Sie sich auf:

- → Persönliche Eigenschaften

  ____

- → Kenntnisse und Fähigkeiten, die Ihnen für den angestrebten Beruf nützlich sein werden

  ____

- → Defizite an Wissen und Fähigkeiten, damit Sie sie aktiv ausgleichen können (siehe Seite 46)

Ein neues Berufsbild

Vielleicht möchten Sie nicht in eine andere Branche wechseln, sondern eine ganz neue Tätigkeit ausüben. Diese kann Ihrer jetzigen ähnlich oder verwandt sein – oder aber völlig fremd. Übrigens weiß ich, was es bedeutet, Tätigkeiten zu wechseln: Nach der Ausbildung zur Rechtsanwaltsgehilfin war ich Schreibkraft bei der Polizei, Vertriebsassistentin, Assistentin des Geschäftsführers mit eigenen Projekten, Texterin in einer Werbeagentur, Officemanagerin, Einkäuferin, für die Akquise von Neukunden zuständig („Business Development"), Salesmanagerin mit Personalverantwortung für 25 Mitarbeiter. Den Löwenanteil meiner beruflichen Karriere habe ich zwar in demselben Unternehmen gemacht, einem internationalen Medienkonzern. Dennoch war ich mehr oder weniger immer Quereinsteiger, sowohl in den Firmen als auch in den verschiedenen Berufen, und möchte Ihnen aus dieser Erfahrung die wichtigsten Tipps mit auf den Weg geben, was auf Sie zukommt und wie es klappt.

Machen Sie den Reality-Check!

Fangen wir gleich mal mit dem Realitäts-Check an. Häufig hat man ein bestimmtes Bild des angestrebten Berufes – und nicht immer stimmt dieses Bild mit den Tatsachen überein. Es kann sein, dass man sich selbst falsch einschätzt oder aber einen Beruf zum Traumjob erkoren hat, der sich bei näherer Betrachtung als gar nicht so erstrebenswert entpuppt.

Gerne betone ich noch einmal, dass der Realitäts-Check keineswegs dazu gedacht ist, Sie zu entmutigen oder Ihren Traum zum Platzen zu bringen. Im Gegenteil: Richtig abgeklopft verfestigt sich Ihr Plan und Sie können noch besseren Mutes zur Tat schreiten.

Und sollte sich tatsächlich herausstellen, dass Ihr Traumjob Ihren Vorstellungen gar nicht entspricht, dann ist es gut, das vorher zu wissen.

Das kann ich auch!

Manchmal unterschätzt man Berufe einfach. Man hat nur wenig Einblick in eine Tätigkeit und denkt: „Das kann ich auch!“ Oder man wird von Freunden und Kollegen überschätzt und für ein Genie gehalten, weil man ein bestimmtes Wissen auf einem Gebiet hat, das aber bei Weitem nicht ausreicht, um den angestrebten Job gut und souverän zu meistern. Die Folge: Mangels Erfahrung und auch Vergleichsmöglichkeiten schätzt man die eigenen Fähigkeiten falsch ein.

Tappen Sie nicht in die Größenwahn-Falle!

Ganz salopp ausgedrückt, packt Sie möglicherweise der Größenwahn – und der trübt den Blick auf die Tatsachen. Das realistische Beurteilen Ihrer Fähigkeiten, Ihres Potenzials sowie der Anforderungen des angestrebten Berufes ist Voraussetzung, um im neuen Job später tatsächlich Fuß zu fassen. Und Ihre Defizite können Sie nur ausgleichen, wenn Sie sie kennen.

Die Schreibkraft tippt die Vernehmung mit: Eine Dolmetscherin müht sich damit ab, den australischen Dialekt des Beschuldigten zu verstehen. Ganz offensichtlich hat sie damit Probleme, denn sie übersetzt falsch! Die Schreibkraft war in der Schule in Englisch immer sehr gut – zum Glück kann sie durch Nachfrage die Inhalte richtig stellen. Fast wäre es – zum Nachteil des Beschuldigten – zu einer fehlerhaften Übersetzung gekommen. Die Schreibkraft erkundigt sich, was man tun muss, um sich als Übersetzer bei Gericht registrieren zu lassen. Ihre Sprachkenntnisse reichen scheinbar völlig aus.

Natürlich ist die Schreibkraft aus unserem Beispiel in die Das-kann-ich-auch-Falle getappt. Die Dolmetscherin war offenbar einfach schlecht in ihrem Job und somit als Maßstab nicht geeignet.

Um nicht in die Größenwahn-Falle zu tappen, können Sie Folgendes tun:

Vergleichen Sie sich mit den guten Leuten!

- Vergleichen Sie sich niemals mit Laien oder Leuten, die ihren Beruf schlecht machen, sondern orientieren Sie sich an Menschen, die gut und erfolgreich sind.
- Sprechen Sie mit Menschen, die den angestrebten Beruf ausüben, und lassen Sie von Fachleuten beurteilen, wo Sie stehen.
- Informieren Sie sich konkret darüber, welche Inhalte die angestrebte Position hat und welche Anforderungen gestellt werden.

Einen realistischen Einblick in das Berufsbild bekommen

Hier geht es zum einen darum, den Beruf „ganzheitlich" zu erfassen und nicht anhand einiger weniger Aspekte, die Ihnen bekannt sind, auf das gesamte Arbeitsgebiet zu schließen. Und zum anderen soll der Theorie auf dem Papier Leben eingehaucht werden. Nützliche Hilfen:

Lernen Sie Ihren Traumjob erstmal besser kennen!

- *Lesen Sie Beschreibungen des von Ihnen angestrebten Berufes.*
  Es stehen Ihnen verschiedene Publikationen dafür zur Verfügung: Im Berufsinformationszentrum der Arbeitsagenturen oder auch im Internet unter http://infobub.arbeitsagentur.de/berufe können Sie sich über Berufsbilder informieren. Auch gibt es mittlerweile zahlreiche Bücher, die Kurzprofile von Berufen vorstellen (z. B. Medienberufe, Dienstleistungsberufe). Ebenso sind Branchen- und Berufsverbände eine gute Anlaufstelle.
  In der Regel erhalten Sie so detaillierte Informationen über die Inhalte, Anforderungen, Verdienstmöglichkeiten und Perspektiven.

➔ *Sehen Sie sich die herkömmliche Ausbildung für den Beruf an (sofern es eine gibt).*
Zum einen können Sie so feststellen, ob eine bestimmte Ausbildung/ein spezifischer Abschluss erforderlich ist. Zum anderen erfahren Sie, welche Art von Kenntnissen und Fähigkeiten Sie sich aneignen sollten. Sofern Sie sich einen Beruf ausgesucht haben, für den es keinen festgelegten Ausbildungsweg gibt, wissen Sie, mit welchen Erwartungen an Ihr Wissen und mit welcher Konkurrenz Sie bei Ihren Bewerbungen rechnen müssen.

➔ *Sprechen Sie mit Leuten, die den Beruf ausüben. Lassen Sie sich den Alltag schildern.*
Achtung: Natürlich werden Sie, je nachdem, ob jemand seinen Beruf liebt oder frustriert ist, gefärbte Berichte erhalten. Sammeln Sie einfach Informationen. Sortieren Sie sachliche Aussagen heraus, damit Sie sich ein eigenes Bild machen können. Lassen Sie sich weder von wildem Enthusiasmus blenden noch von Frust negativ beeinflussen!

Relevant ist der ungeschminkte Alltag.

➔ *Verschaffen Sie sich Eindrücke aus erster Hand.*
Gute Gelegenheiten dazu bieten zum Beispiel ein „Tag der offenen Tür“, ein Praktikum oder eine Probearbeit.

Beachten Sie beim Sichten der Infos bitte immer auch die Quelle, von der Sie sie bekommen haben. Ein Berufsverband, der Eigenwerbung macht, ein Branchenverband oder ein Unternehmen, das neue Mitarbeiter anwerben möchte, wird die Berufe in den schillerndsten Farben präsentieren. Nicht immer haben solche Werbeaussagen und Schilderungen wirklich etwas mit dem Alltag zu tun.

Zwei Werbefilme der Polizei
Variante 1 erinnert an James Bond: In den wenigen Minuten, die der Film dauert, sieht man wilde Verfolgungsjagden per Motorrad und zu Pferd. Vom schnittigen Streifenwagen über den Polizeihubschrauber bis zur Wasserschutzpolizei ist alles vertreten. Wow!
Variante 2 zeigt Ausschnitte aus der normalen Schichtarbeit. Die Uhrzeit ist eingeblendet: Anzeige aufnehmen auf der Wache. Etwas später: Die Streife wird zu einem Betrunkenen gerufen. Etwas später: Papierkram erledigen. So geht es weiter. Nicht besonders spannend, schon gar nicht so mitreißend wie der erste Film, aber realitätsnah.

Schildern Sie Leuten, die den Beruf ausüben, Ihre Vorstellungen.

Sammeln Sie deshalb am besten Informationen aus verschiedenen Quellen. Erzählen Sie Leuten, die den von Ihnen angestrebten Beruf bereits ausüben oder sich damit tatsächlich auskennen, ruhig auch über Ihre Vorstellungen.

Wenn man keine Berufsbezeichnung kennt

Nun kann es sein, dass Sie keinen konkreten Beruf im Sinn haben. Vielleicht wissen Sie bisher nur, welche Inhalte Ihre Wunschtätigkeit haben sollte. Dann heißt es erst mal wieder eingrenzen und konkret werden. Das bedeutet, dass Sie nicht bei allgemeinen Begriffen stehen bleiben, sondern ganz genau überlegen und formulieren, was Sie wollen.

Hier ein Beispiel: „Ich will mit Menschen zu tun haben“ – das heißt alles und nichts. Warum und vor allen Dingen in welcher Form möchten Sie mit Menschen zu tun haben? Wenn Sie Sachbearbeiter sind, der auf schriftliche Rückfragen antwortet, haben Sie auch mit Menschen zu tun – allerdings eben nur in Schriftform. Oder geht es um Telefonkontakt? Und wenn ja, in welchem Maße denn, von früh bis spät nonstop am

Telefon oder eigentlich doch nur hin und wieder? Oder soll Ihnen Ihr Gesprächspartner persönlich gegenübersitzen? Und wie sieht „mit Menschen zu tun haben“ aus? Sollen die Menschen zu Ihnen kommen und irgendetwas von Ihnen wollen, sodass Sie reagieren können, oder möchten Sie aktiv auf die Leute zugehen, zum Beispiel in Form von Akquise? Möchten Sie Aufträge abwickeln oder Kundenbeziehungen pflegen? Und so weiter.

Gut planen heißt konkret werden.

Sie sehen, wie wichtig es ist, die angestrebten Umstände wirklich zu konkretisieren. Sie werden selbst überrascht sein, wie viel klarer Ihre Pläne plötzlich werden.

Behalten Sie dieses Beispiel vor Augen, wenn Sie die von Ihnen gesuchten Tätigkeiten in konkrete Worte fassen, um anhand dessen dann einen passenden Beruf herauszufinden.

> Welche Aufgaben sollte der gewünschte Beruf beinhalten? Welche Tätigkeiten soll er mit sich bringen?
>
> ---
>
> Und weil Sie gerade dabei sind: Wie sieht der ideale Arbeitstag für Sie aus, wie das Umfeld (Branche, Unternehmen, Philosophie, Kollegen, Standort, Arbeitszeit, und und und)? Machen Sie Ihren persönlichen Wunschzettel. Zensieren Sie nichts. Schreiben Sie einfach nur nieder. Nehmen Sie sich für diese Übung mehrere Tage Zeit und ergänzen Sie Ihre Antworten immer wieder.

Zum Teil können Sie hier auf das Erarbeitete aus den vorherigen Aufgaben dieses Buches zurückgreifen. Wenn Sie bisher die Aufgaben überblättert haben, ist jetzt die Zeit, Papier und Bleistift zu zücken und Nägel mit Köpfen zu machen. Denn wenn Sie nicht konkret wissen, was und warum Sie suchen, dann tun Sie sich auch schwer damit, es zu finden.

Der Wunschzettel stellt erste Weichen.

Sie haben nun eine Liste, welche Eigenschaften und Tätigkeiten Ihr Wunschberuf beinhalten soll. Haben sich Kriterien er-

geben, die Ihnen den nächsten Schritt zu einem konkreten Beruf vorgeben, zum Beispiel eine bestimmte Branche? Dann können Sie jetzt bereits den entsprechenden Weg einschlagen: Informieren Sie sich branchenspezifisch, welche Berufe es gibt. (Zu dieser Thematik können Sie im Abschnitt „In eine fremde Branche gehen" ab Seite 117 noch einmal nachschlagen).
Sind Ihre Vorstellungen branchenunabhängig, können Sie sich entweder beim Berufsinformationszentrum der Arbeitsagentur beraten lassen, im Internet nach Berufsbildern suchen oder sich entsprechende Bücher besorgen (siehe Anhang).

Keine Filter durch Vorurteile!

Tun Sie sich den Gefallen und schließen Sie nicht ganze Geschäftsbereiche aus, nur weil Sie ein unvorteilhaftes Bild haben, das möglicherweise nicht den Tatsachen entspricht. Ich habe beispielsweise schon von Leuten gehört, dass sowohl Verwaltung als auch Vertrieb prinzipiell nicht für sie infrage kämen. Näher nachgefragt stellte sich heraus, dass sie gar keine konkreten Vorstellungen von den Tätigkeiten hatten oder ihre Meinung aufgrund von Einzelerfahrungen oder der Meinung Dritter zustande gekommen war.
So wird beispielsweise der Verkauf häufig mit dem Staubsaugervertreter-Klischee gleichgesetzt. Da ist nach wie vor von Klinkenputzern die Rede; dabei hat der Verkauf viele Facetten und Aspekte. Und letztlich ist es einerseits vom Unternehmen, erst recht aber von einem selbst abhängig, wie man sich in seinem Beruf sieht und diesen mit Leben füllt.
Auch hier heißt es: Werden Sie konkret. Wenn Sie einen Bereich von Haus aus als nicht interessant abtun, fragen Sie sich: Was weiß ich darüber tatsächlich? Von wem weiß ich es? Wieso möchte ich nicht in diesem Geschäftsfeld tätig werden? Weiß ich genug, um mir dieses Urteil guten Gewissens bilden zu können, oder vergebe ich mir hier aufgrund von Vorurtei-

Durch Vorurteile können Chancen vergeben werden.

len Chancen? Wo kann ich mir Erste-Hand-Informationen besorgen?
Andernfalls engen Sie Ihre Möglichkeiten unter Umständen unnötig ein und verpassen vielleicht eine interessante Stelle.

Ist der Quereinstieg ohne weiteres möglich?

Es gibt Berufe, in die kann man nicht ohne weiteres quereinsteigen, da sie bestimmte festgelegte Anforderungen haben, ohne die nichts geht. So kann ich mich ohne Jurastudium nicht einfach als Rechtsanwalt bewerben. Ich kann nicht zur Polizei, wenn ich den Einstellungstest (Wissen, Sport, Gesundheit) nicht bestehe. Ich kann nicht Stewardess werden, wenn ich die Mindestgröße nicht vorweise. Und so weiter.
Dann gibt es Berufe, wo ein Seiteneinstieg zwar grundsätzlich möglich ist, man mit einer entsprechenden Ausbildung jedoch eindeutig vorgezogen wird. Als Beispiel seien hier Journalisten genannt.
Und es gibt Berufe/Branchen, die sehr Seiteneinsteiger-freundlich sind, zum Beispiel die Werbung, oder Berufszweige, wo starke Personalknappheit herrscht.

!

Jedes Unternehmen und jede Branche hat eine eigene Vorgehensweise. Wie offen oder streng eine Firma mit Quereinsteigern umgeht, ist individuell verschieden. Außerdem bedeutet eine Quereinsteiger-freundliche Haltung nicht, dass diese Firmen nicht auch hohe Anforderungen an persönliche und fachliche Kenntnisse und Fähigkeiten stellen! Können müssen Sie immer etwas. Und nachweisen können müssen Sie es auch. Dies kann in Form von Zeugnissen und Bestätigungen geschehen, Arbeitsproben oder Einstellungstests. Der bloße Hinweis auf Ihr „Interesse" reicht keinesfalls aus.

Auch Quereinsteiger-freundliche Firmen sind anspruchsvoll!

Sie haben sich Informationen über den angestrebten Beruf beschafft. Machen Sie eine Liste der Anforderungen („Muss"- und „Kann"-Kriterien):

- Ist eine formelle Ausbildung nötig? Welche?
- Welche fachlichen Kenntnisse und Fähigkeiten sind Voraussetzung? (*muss*)
- Welche fachlichen Kenntnisse und Fähigkeiten sind wünschenswert? (*kann*)
- Welche persönlichen Eigenschaften sind vorteilhaft?
- Gibt es bestimmte Einstellungsvoraussetzungen (z. B. Alter, Größe, Sprachen) oder Einstellungstests (z. B. Wissen, Verhalten, Sport, Gesundheit)? Wie sehen diese aus? Achten Sie auch auf etwaige Bewerbungstermine, damit Sie keine Einstellungstests oder anderen Bewerbungsmöglichkeiten versäumen.

Verifizieren Sie Ihre Berufsinformationen!

Machen Sie sich in dieser Phase noch nicht gleich Gedanken dazu, wie Sie „abschneiden", sondern listen Sie die Punkte erst einmal auf. Wenn Sie zu jemandem Kontakt haben, der sich in dem von Ihnen angestrebten Beruf auskennt, lassen Sie Ihre Liste prüfen und gegebenenfalls ergänzen.
Markieren Sie Kriterien, von denen Sie nicht genau wissen, was sie bedeuten oder konkret beinhalten, und fragen Sie erst noch einmal bei Ihren Quellen gezielt nach.
Erst jetzt, im zweiten Schritt, kommt Ihre eigene Einschätzung dran: die Soll-Ist-Bestimmung.

Nehmen Sie sich die Liste mit den Anforderungskriterien vor und notieren Sie überall gewissenhaft, was Sie vorweisen können, was Sie Ihrer Meinung nach gut können, welche persönlichen Eigenschaften vorteilhaft sind – und wo Sie sich verbessern können oder Defizite haben.

Sie können mehr, als Sie glauben!

Seien Sie ehrlich bei dieser Bestandsaufnahme. Versuchen Sie nicht, bereits vor sich selbst die Sache zu beschönigen. Es kann herauskommen, dass Sie erhebliche Lücken haben, dass Sie gewisse wichtige Voraussetzungen einfach noch nicht erfüllen. Es ist wichtig, den Tatsachen ins Auge zu blicken. Dann können Sie aktiv etwas tun, um sie zu verändern.

Wichtige Kenntnisse und Fähigkeiten aneignen/ Defizite ausgleichen

Die Situation jedes Bewerbers ist immer eine individuelle. Deshalb können wir Ihnen an dieser Stelle keine Standardantwort geben, was Sie tun können, müssen oder sollen, um schnell auf den erforderlichen Stand zu kommen. Anhand der eben gemachten Soll-Ist-Analyse wissen Sie, was Sie bereits mitbringen, was Sie unbedingt brauchen und was vorteilhaft wäre.
Möglicherweise ist das, was Ihnen fehlt, mit sehr viel Arbeit verbunden. Wenn Sie sich in den Kopf gesetzt haben, Heilpraktiker zu werden, müssen Sie eine entsprechende Schule besuchen. Die Ausbildung geht über einen bestimmten Zeitraum und kostet einen gewissen Betrag, den Sie investieren müssen. Wenn Sie keinen Tagesunterricht besuchen können, weil Sie Geld verdienen müssen, können Sie die nötige Fortbildung nur abends oder am Wochenende absolvieren, was die Ausbildungsdauer erhöht und auch Ihre Belastung während der Ausbildung vergrößert.

Möglicherweise haben Sie einiges vor sich.

Je nachdem, wie die Anforderungen aussehen, haben Sie einiges vor sich, wie ein Erfahrungsbericht aus dem Internet anschaulich beschreibt: „Wenn ich vorher gewusst hätte, was an jahrelangem Kampf, mir nebenher damals noch fremdes Wissen anzueignen, auf mich zukommt, ich glaube, ich hätte vorher kapituliert. Ich hab' mir monatelang Wochenenden in Schulungszentren um die Ohren geschlagen, viel Geld investiert in Kurse, Literatur, Material und gekämpft ... alles neben dem bisherigen Beruf, aus dem ich raus will."

Natürlich ist das ein persönlicher Bericht. Nicht immer ist der Einsatz so intensiv und langwierig, um den Absprung zu schaffen. Es kommt auf die Gegebenheiten und Ihr angestrebtes Ziel an.

Wenn es Ihr Traum ist, ist es die Anstrengung doch wert!

Doch wenn es sich um Ihren Traumberuf handelt, dann ist er auf jeden Fall einigen Einsatz und Anstrengung wert, oder? Vielleicht handelt es sich aber auch nur um „Kleinigkeiten", vielleicht fehlen Ihnen einfach bestimmte Sprach- oder Computerkenntnisse, die für einen Wechsel wichtig sind. Sie sind relativ einfach nachzuholen, und es stehen Ihnen die verschiedensten Möglichkeiten offen, was Dauer, Intensität und Kosten angeht. Informieren Sie sich immer ganz genau, was Sie für den von Ihnen angestrebten Beruf brauchen. Wenn für eine Position gute Englischkenntnisse gefragt sind, Sie aber nur über Schulenglisch verfügen, dann bedeutet das nicht, dass Sie sich gleich für den nächsten Business-Englisch-Kurs einschreiben sollten. Es ist sinnvoller, wenn Sie Ihre Englischkenntnisse wieder aktivieren, indem Sie Ihren Wortschatz auffrischen und einfach sprechen.

Kenntnisse und Fähigkeiten können Sie sich auf vielfältige Weise aneignen, zum Beispiel:

Auf vielfältige Weise lernen

- → Trainings (Präsenz- oder Fernkurse/Online-Seminare)
- → Coaching (individuelles Training mit einem Coach)
- → Internet
- → Fachliteratur
- → CBT (Computer Based Training)
- → Kino/TV
- → Vorbilder

Vom Jetpiloten zum Heilpraktiker

Für manche Menschen ist die berufliche Neuorientierung mit einer grundlegenden, radikalen Kursänderung verbunden. Einer davon ist Wolfgang Schubert, Heilpraktiker in München: Wir haben mit ihm über seinen ungewöhnlichen Werdegang gesprochen.

Vom Jetpiloten zum Heilpraktiker: Das war ja ein großer Schritt. Wie bist du auf die Idee gekommen? Was hat dich zu diesem Schritt motiviert?

Rückblickend muss ich sagen, dass der Heilpraktikerberuf auf mich zugekommen ist. Mein Berufswunsch hat sich allmählich entwickelt – und ich bin letztlich in einem Bereich gelandet, den ich früher immer für längst überholt hielt und den ich als „faulen Zauber" abtat.
All meine ursprünglichen Vorstellungen und konkreten Pläne für meine Zukunft hatten sich im Laufe der Zeit einfach zerschlagen. Angefangen hatte ich bei der Luftwaffe mit ganz klaren Vorstellungen: Ich wollte 10 Jahre dort bleiben und dann zur Lufthansa gehen und so richtig Geld verdienen.
Doch es kam ganz anders: Die Laufbahnformalien für Piloten wurden geändert und ich musste 12 statt 10 Jahre bleiben – für die Lufthansa war ich damit zu alt und so verlängerte ich um weitere 8 Jahre. Dass ich dann nach insgesamt 20 Jahren den Beruf wechseln würde, stand ab diesem Zeitpunkt fest.
Die Frage war nur, in welche Richtung ich gehen sollte. Ich wusste zwar nicht, was ich inhaltlich machen wollte, aber eins stand für mich von Anfang an fest: Ich wollte raus aus

den Hierarchien und mein eigener Chef sein. Und es sollte etwas ganz Neues, ganz anderes sein und nichts mit der Fliegerei zu tun haben.

Ich überlegte hin und her: Ein Vollstudium kam nicht infrage, weil ich Familie hatte und es mir nicht erlauben konnte, ein paar Jahre nichts zu verdienen. Da ich die Offizierslaufbahn absolviert und mir Know-how in den Bereichen Wirtschaft, Unternehmensführung und Management angeeignet hatte, dachte ich daran, in die Finanz- oder Unternehmensberatung zu gehen.

Um die Zeit optimal zu nutzen und mir eine solide Grundlage anzueignen, begann ich ein Fernstudium der Wirtschaftswissenschaften. Nach fünf Semestern stieg ich aus: Beruf und Familie plus Studium waren zeitlich eine enorm hohe Belastung und meine Motivation war weg, als ich erkannte, dass ich vielleicht wenige Chancen in dem Markt hätte, weil ich – als 43-Jähriger mit Titel, aber ohne Berufserfahrung – mit Mittzwanzigern hätte konkurrieren müssen.

Während ich nun selbst zunächst gar nicht wusste, wie es weitergehen sollte, setzte das Schicksal weiter konsequent seine Pläne mit mir um, ohne dass ich es bemerkte: Zum Beispiel hatte ich im Laufe meiner Bundeswehrzeit ständig viel mit Medizin zu tun. Als Pilot wird man ja permanent untersucht und hat viel Kontakt zu Ärzten.

Meine persönlichen Erfahrungen ließen mich mehr und mehr an der Schulmedizin zweifeln – andererseits hatte ich mich als sehr rationaler Mensch nie mit alternativen, „überholten“ Methoden auseinander gesetzt.

Ein Bekannter von mir, ein Physiker, beschäftigte sich privat mit Naturheilkunde und Homöopathie. Er brachte mir diese Bereiche – für mich war das vorher alles Hokuspokus – langsam näher: durch Erklärungen anhand von physikalischen Gesetzen und, noch überzeugender: Er half mir bei

Beschwerden, die Ärzte bis dahin als Einbildung abgetan hatten. Mein Interesse wuchs und ich beschäftigte mich selbst mit dem Thema. Irgendwann machte es dann einfach „Klick" und ich wusste, dass Heilpraktiker genau *der* Beruf für mich war.

Wie haben andere Leute auf deine Entscheidung reagiert? Welches Feedback und welchen Input hast du bekommen?

Ein Jahr vor meinem Ausscheiden bei der Bundeswehr habe ich meine Entscheidung publik gemacht. Die häufigste Reaktion war Verwunderung – bis hin zu sprachlosem Erstaunen. Geringschätzige Bemerkungen wurden mir persönlich gegenüber überhaupt nicht gemacht.
Was mich besonders gefreut hat, war zum einen das Abschiedsgeschenk: Ich bekam zwei Heilpraktiker-Bücher. Und zum anderen die Reaktion des Kommodore, der meine Entscheidung guthieß und meinte, dass er mich sogar ein bisschen beneidete.
Meine damalige Frau stand hinter mir und bestärkte mich in meinem Beschluss. Seltsam war und ist die Reaktion meiner Herkunftsfamilie, die meinen Berufswechsel und meine Entwicklung bis heute scheinbar nicht zur Kenntnis genommen hat: Weder fragen sie mich in medizinischen Angelegenheiten um Rat noch nehmen sie Unterstützung von mir an, wenn ich sie von mir aus anbiete.
Ich kann sagen, dass ich mich durch nichts von meinem Weg hätte abbringen lassen. Ich habe auch niemanden um seine Meinung gebeten. Mein Entschluss stand felsenfest, als er gefallen war. Ich wusste, dass die Naturheilkunde der richtige Weg für mich war.

Was war das Schwierigste bei der Neuorientierung?

Das Schwierigste war, mich in einer total anderen Welt und mit den neuen Strukturen zurechtzufinden. Der Übergang kam unmittelbar: Am Freitag hatte ich meine Uniform ausgezogen und aufgehört, Major zu sein – am Montag darauf saß ich als einer von 100 Schülern und als ältester Mann in einer Klasse an einer Heilpraktikerschule in München und begann meine Ausbildung.

Das war eine ganz neue Umgebung. Wir waren ein bunter Haufen und ich drückte mit einigen Leuten die Schulbank, mit denen ich sonst nie zu tun gehabt hätte: Esoterikfreaks, Leute aus der Friedensbewegung und aus der sehr alternativen Szene.

Natürlich konnte ich mein Militär- und Hierarchieverhalten nicht einfach so ablegen, obwohl ich mir das fest vorgenommen hatte. Damit habe ich einige Leute vor den Kopf gestoßen und wirkte auf meine Umwelt zum Teil irritierend. Andererseits konnte ich das autoritäre Verhalten einiger Lehrer nicht akzeptieren und musste ein bisschen „Innere Führung" dort einbringen.

Es gab viele Diskussionen und ich habe einiges ins Rollen gebracht. Es war ein Lernprozess für beide Seiten.

Nach drei Jahren schloss ich die Ausbildung als Klassenbester ab und landete als Assistent bei einem Prominenten-Heilpraktiker.

Das war eine sehr interessante Demuts-Erfahrung: Ich als Ex-Major musste mich für eine lächerliche Bezahlung wie ein Lehrjunge behandeln lassen, unter anderem die Praxis putzen, und so richtig bei null anfangen. Doch es war ja meine eigene Entscheidung, die ich konsequent umsetzen wollte – und etwas wirklich Neues kann nur bei Null beginnen!

Ich blieb etwa ein Jahr dort und eröffnete einige Monate danach meine eigene Praxis – nachdem es mit der Eröffnung einer Gemeinschaftspraxis mit einer Kommilitonin nicht geklappt hatte.

Du hättest bei der Bundeswehr richtig Karriere machen können. Wie war das, eine solche Chance auszuschlagen?

Ja, ich hatte ganz überraschend den Stabsoffizierslehrgang als Jahrgangsbester abgeschlossen und sollte deshalb weiter gefördert werden. Nach einem weiteren Lehrgang bekam ich die Zusage, als Berufsoffizier bis zur Pensionierung übernommen zu werden, und ich schaffte auch die Qualifikation für den Generalstabsdienst – die Voraussetzung für eine Spitzenkarriere als General. Das ist eine Position, die nur sieben Offizieren der Luftwaffe pro Jahr angeboten wird. Obwohl ich schon die Versetzungsverfügung an die Militärakademie in Hamburg erhalten hatte, lehnte ich nach reiflicher Überlegung ab – kein leichter Entschluss! Mir war jedoch meine eigene Entscheidungsfreiheit wichtiger als eine solche Karriere. Denn Hierarchien enden nie, egal wie viele Sterne man auf den Schulterklappen trägt.
Mein Entschluss stieß auf Unverständnis, ja sogar auf Aggression, denn ich hatte eine Chance einfach ausgeschlagen, für die viele andere alles gegeben hätten. Aber ich habe meinen Schritt nie bereut.

So präsentieren Sie sich erfolgreich

Klar, dass ein Quereinsteiger sich etwas anders bewerben muss. Auf eine Stellenausschreibung bewerben sich mehrere Bewerber, häufig sogar sehr viele. Die meisten davon erfüllen die gestellten Anforderungen, bringen möglicherweise eine einschlägige Ausbildung und vor allen Dingen Berufserfahrung mit. Der Personalentscheider überfliegt in der Regel die eingehenden Bewerbungen und sieht nur dann die Unterlagen detailliert durch, wenn er einen ersten positiven Eindruck erhält und interessiert ist. Dabei ist neben dem guten Anschreiben natürlich auch der Lebenslauf wichtig. Wenn der Bewerbungsbrief nicht interessant genug ist und zudem der Lebenslauf völlig neben den Anforderungen der Stelle liegt, ist die Absage so gut wie vorprogrammiert.

Bereits beim ersten Kontakt den Personalentscheider neugierig machen

Viele Bewerber glauben fälschlicherweise, dass sie im Gespräch schon alles persönlich klären und einen guten Eindruck machen können. Doch an den Tisch des Personalers muss man erst einmal kommen.

!

Für eine inhaltlich gute Eigenpräsentation – egal in welcher Form, ob telefonisch, schriftlich oder persönlich – sind folgende Aspekte wichtig:

- Sie wissen ganz konkret, was Sie wollen, was Sie können und was Sie (noch) nicht können.
- Sie haben sich über den Beruf, die Branche und das Unternehmen gut informiert, zeigen das auch, aber tun nicht so, als ob Sie jetzt alles darüber wüssten.
- Sie arbeiten in Ihrer Präsentation die Punkte heraus, die für die Position relevant sind. Sie gehen offen mit der Tatsache um, dass Sie Quereinsteiger sind, und überzeugen durch das, was Sie mitbringen, und dadurch, dass Sie in

Gehen Sie offen damit um, dass Sie Quereinsteiger sind.

eigener Sache in die Offensive gehen (anstatt so zu tun, als ob Sie ein ganz normal qualifizierter Bewerber wären wie alle anderen, die bereits Berufserfahrung und alle geforderten Kenntnisse und Fähigkeiten mitbringen).

➔ Sie versetzen sich in die Lage des Personalentscheiders: Welche Fragen stellt er sich möglicherweise, wenn er Ihren Lebenslauf sieht? Worauf wird er neugierig sein? Spielen Sie die Fragen – auch kritische – für sich durch, damit Sie die Antworten bei einer schriftlichen Bewerbung zum Teil schon vorwegnehmen können und bei einer persönlichen Frage auch eine durchdachte Antwort haben, nicht ins Stottern geraten oder das große Schweigen ausbricht.

Sie sollten alle Tipps dieses Quereinsteiger-Kapitels und die dazugehörigen Aufgaben insgesamt betrachten und mit Ihren individuellen Antworten füllen.
Damit hinsichtlich der Präsentation deutlicher wird, wie die oben genannten Punkte gemeint sind, hier einige Beispiele dazu:

(1) Nehmen wir den Elektroingenieur von weiter oben, der gerne in den Einzelhandel wechseln möchte, um Kunden zu beraten. Nach dem abgeschlossenen Studium hat er sofort in der Entwicklung begonnen, wo er nun bereits seit einigen Jahren tätig ist. Aber: Während des Studiums hat er in den Semesterferien regelmäßig im Einzelhandel gejobbt.
Es ist wichtig, diese praktische Erfahrung, auch wenn es „nur" ein Studentenjob war, mit in die Bewerbung aufzunehmen und sie nicht nur als Station im Lebenslauf aufzuführen, sondern sie auch im Anschreiben in ein, zwei Zeilen zu erwähnen.
Gehen Sie also immer Ihren gesamten beruflichen Werdegang durch und stellen Sie praktische Erfahrungen, die für die neue Stelle relevant sind, in den Mittelpunkt.

Stellen Sie relevante Praxiserfahrung in den Mittelpunkt.

Es kann sich auch um privat gemachte Erfahrungen handeln: Sie möchten in die Hotellerie wechseln und haben einige Male im Gastronomiebetrieb einer Freundin ausgeholfen? Sie möchten ins Veranstaltungsmanagement und haben für das Rote Kreuz einige regionale Feiern organisiert? Egal wie kurz die Erfahrung war – und in Ihren Augen vielleicht nicht besonders relevant: Sie ist erwähnenswert, weil sie zeigt, dass Sie mit dem Aufgabengebiet bereits in irgendeiner Form zu tun hatten.

(2) Der Abteilungsleiter einer Druckmaschinenfabrik bewirbt sich als Geschäftsführer einer Bildagentur. Beim Vorstellungsgespräch belehrt er die anwesenden Manager darüber, dass es viel zukunftsträchtiger sei, die bisherige Präsentation der Bildmotive statt in Printkatalogen auf CD-ROM zu vertreiben.
Der Bewerber stößt mit diesem Verhalten die Anwesenden vor den Kopf: Abgesehen davon, dass er über die diesbezüglichen Pläne in dem Unternehmen nicht genug weiß, kommt er mit oberlehrerhaft vorgebrachtem Halbwissen nicht gut an.

Zeigen Sie, dass Sie sich mit der Materie befasst haben.

Besser: Wenn Sie im Vorstellungsgespräch eine Idee haben oder zeigen möchten, dass Sie sich mit der Thematik auseinander gesetzt haben, achten Sie bei der Formulierung darauf, dass Sie a) nicht im Detail wissen, wo das Unternehmen steht, und b) Ihre Gedanken in einer Form vorbringen, welche die Anwesenden und deren Fachkompetenz respektiert. Denn auch das „Wie" prägt maßgeblich den Eindruck, den Sie im Gespräch hinterlassen. Wer als „Alleswisser" rüberkommt, verdient sich nicht unbedingt einen Blumentopf.

(3) Der selbstständige Versicherungskaufmann möchte sich als Produktmanager anstellen lassen. Jedem Personalchef

stellt sich nun die Frage: Warum möchte der Bewerber nicht mehr selbstständig sein? Kann er sich in einen festen Arbeitsablauf, in ein bestehendes Team einfügen? Lässt er sich von einem Chef „was sagen", wenn er bisher selbstständig war? Hat er unrealistische Gehaltsvorstellungen, wenn er bisher auf eigene Rechnung gearbeitet hat?

Die Frage nach dem „Warum" oder „Warum nicht" stellt sich natürlich nicht nur bei ehemaligen Selbstständigen, sondern generell bei einem Berufs- oder Branchenwechsel. Gehen Sie mit Ihrer Antwort in die Offensive. So lassen Sie Fragen oder Spekulationen gar nicht erst aufkommen und nutzen die Gelegenheit, dem Leser Ihrer Bewerbung direkt zu vermitteln, was Ihnen wichtig ist.

Unsicherheit strahlt aus – Sicherheit auch.

Prüfen Sie bei jeder Bewerbung, wie Sie sich selbst fühlen. Wenn Sie sich auf eine Position bewerben, bei der Sie selbst Zweifel haben, ob Sie qualifiziert genug sind, oder Ihr Herz in die Hose rutscht bei dem Gedanken, wie der Personalentscheider Ihre Qualifikation wohl einschätzt, dann wird sich diese Unsicherheit auch übertragen.

Bitte schlagen Sie auf keinen Fall einen „weinerlichen" Ton an nach dem Motto: „Geben Sie mir doch eine Chance!" Der Unternehmensvertreter gibt Ihnen möglicherweise gerne die Chance für einen Quereinstieg, jedoch nur, wenn er den Eindruck bekommt, dass Sie es auch packen. Diesen Eindruck bekommt man jedoch nur, wenn der Bewerber realistisch eingestellt ist und selbstbewusst (nicht arrogant und selbstüberschätzend) wirkt, nicht aber wenn man als Leser bereits den Eindruck hat, dass der Bewerber an sich selbst zweifelt.

In einer Bewerbung las ich einmal im Anschreiben den Satz: „Höchstwahrscheinlich bin ich nicht der typische Bewerber, den Sie erwartet haben." Er war eingebettet zwischen einem neugierig machenden Einstiegssatz und näheren Erklärungen, warum der Bewerber seiner Meinung nach trotzdem eine gute Besetzung ist. Das kam sehr gut rüber.

Konzentrieren Sie sich darauf, wie der ideale Kandidat sein soll.

Konzentrieren Sie sich in Ihrem Anschreiben darauf, was das Unternehmen sucht und welche Fähigkeiten und Fertigkeiten der ideale Kandidat besitzen soll. Das können Sie aus der Stellenausschreibung hervorragend ersehen. Bei einer Initiativbewerbung können Sie aus anderen Stellenanzeigen oder auch aus dem Internetauftritt der Firma darauf schließen, welche Art von Mitarbeitern gesucht wird (Details dazu siehe Kapitel 4.)

Gehen Sie ganz konkret auf die Position und Ihre Persönlichkeit sowie Ihre passenden Kenntnisse und Fähigkeiten ein. Wenn Ihr bisheriger Lebenslauf völlig irrelevant für die angestrebte Position ist, verzichten Sie darauf, im Anschreiben Anstellungen zu erwähnen, die nur zusätzlich unterstreichen, dass Sie nicht passen.

Der Lebenslauf selbst sollte natürlich immer dabei sein!

Kontakte knüpfen

Knüpfen Sie Kontakte zu Menschen in Ihrem angestrebten Beruf und der Branche. Sie profitieren vom Erfahrungsaustausch und dem Wissen der „alten Hasen" und sind mit Informationen aller Art auf dem Laufenden. Außerdem empfiehlt es sich, ein Netz von Kollegen aufzubauen. Sie können sich gegenseitig mit Informationen und Empfehlungen aushelfen und sich über Möglichkeiten der Weiterentwicklung oder Veränderung austauschen. Dies gilt natürlich auch für später, wenn Sie den Sprung in die neue Position vollzogen haben.

Hier einige Ideen für Sie, wo Sie Kontakte knüpfen können:

→ *Branchenverbände*
Über Branchenverbände erhalten Sie aktuelle Informationen, auch über Weiterbildungsmöglichkeiten und von Informationsveranstaltungen. Erkundigen Sie sich nach Regionalgruppen in Ihrer Nähe. Zwar können Sie unter Umständen nicht jede Veranstaltung besuchen, solange Sie noch nicht in der betreffenden Branche tätig sind. In der Regel gibt es jedoch auch allgemein zugängliche Veranstaltungen und Informationsquellen.
Die Internetadressen zu einigen Branchenverbänden finden Sie im Anhang.

Informationen und Kontakte über Verbände einholen

→ *Berufsverbände*
Berufsverbände sind branchenübergreifend und wenden sich an bestimmte Berufsgruppen, so zum Beispiel der Bundesverband der Bilanzbuchhalter und Controller e. V. oder der Deutsche Marketingverband.
Sie können sich mit Berufskollegen verschiedener Unternehmen austauschen und bleiben auf dem Laufenden. In der Regel gibt es Regionalgruppen, die regelmäßige Treffen informeller Art oder auch Fortbildungen anbieten.

→ *Kollegenkreis*
Gibt es an Ihrer derzeitigen Arbeitsstelle jemanden, der den Beruf, den Sie anstreben, innehat oder sich in der Branche auskennt, in die Sie wechseln möchten? Dann suchen Sie Kontakt und fragen Sie um Rat. Sofern Ihre Pläne noch geheim bleiben sollen, brauchen Sie ja nicht gleich die Karten auf den Tisch zu legen – seien Sie einfach interessiert. Es gibt Ihnen sicher jeder gerne Auskunft über den eigenen Beruf oder die Branche.

Haben Sie Kollegen, die den angestrebten Beruf ausüben?

→ *Kunden/Geschäftspartner*
Je nachdem, wo Sie tätig sind, haben Sie mit Geschäftspartnern zu tun, die Ihnen mit Erfahrungen und Tipps weiterhelfen werden. Nutzen Sie die Kontakte, die Sie haben!

- *Mentoring*

  Suchen Sie sich einen Mentor!

  Suchen Sie sich einen Mentor aus dem Geschäftsbereich, den Sie anstreben. Mentoring bedeutet, dass sich eine erfahrene Person um Sie kümmert, Ihnen durch Gespräche und Rat weiterhilft und Sie auch von deren Netzwerk profitieren können. Einen Mentor findet man ganz einfach durch gezieltes Aussuchen und Nachfragen!
- *Seminare*

  Gehen Sie offen auf andere zu.

  Auch auf Seminaren kann man wunderbar Kontakte knüpfen, wenn man nicht nur still dasitzt und passiv die Trainingsinhalte aufnimmt, sondern mitmacht und sich auch in den Pausen aktiv mit den anderen Teilnehmern austauscht. Je nachdem, wohin Sie wechseln möchten, können Sie sich auch gezielt Seminare aussuchen, bei denen Sie damit rechnen können, dass Teilnehmer aus der von Ihnen angestrebten Branche oder dem Berufszweig anwesend sein werden.
- *Vorträge/sonstige Veranstaltungen*

  Auch bei Vorträgen und Veranstaltungen, zum Beispiel von Branchen- und Berufsverbänden, auf Messen etc., können Sie sich aktiv darum kümmern, mit anderen ins Gespräch zu kommen. Warten Sie nicht, bis man Sie anspricht. Das wird bei derartigen Veranstaltungen selten der Fall sein, nicht zuletzt deshalb, weil viele Menschen „fremdeln“, aber sehr offen sind, wenn sie angesprochen werden.

Sprechen Sie Leute an, die offensichtlich alleine da sind. Sie sind offener für neue Kontakte und in der Regel sehr dankbar, wenn jemand auf sie zukommt.

Der Traum, sein eigener Chef zu sein

Sein eigener Chef sein – tun und lassen, was man möchte, in die eigene Kasse wirtschaften, seine Talente voll ausleben und möglicherweise sogar das Hobby zum Beruf machen ... Viele haben den Traum von der Selbstständigkeit. Manchmal ist der Wunsch sehr stark, aber oft wird es nur so dahingesagt oder der Gedanke blitzt kurz auf.

Sich selbstständig zu machen ist ein großer Schritt, der in vielerlei Hinsicht wohl bedacht sein will.

Eine Existenzgründung will gut bedacht sein.

In diesem Buchabschnitt möchten wir Ihnen einen Überblick verschaffen, der Ihnen helfen soll, sich darüber klar zu werden, ob die Selbstständigkeit für Sie erstrebenswert ist, und wenn ja, was Sie in diesem Zusammenhang durchdenken und planen sollten, damit Sie den Schritt auch erfolgreich gehen können.

Motivation

Sie haben sich wahrscheinlich schon gedacht, dass es wieder um Motivation geht! Wie bereits an anderen Stellen in diesem Buch erwähnt, ist es wichtig, sich erst einmal mit dem Fundament zu beschäftigen.

Die Motivation, warum sich jemand selbstständig machen möchte, kann sehr unterschiedlich sein, zum Beispiel:

- → Man möchte eine gute Geschäftsidee verwirklichen.
- → Man schätzt die Unabhängigkeit, als Einzelkämpfer etwas aufzubauen.
- → Man möchte sein Gehalt selbst bestimmen („nach oben offen“).
- → Man fühlt sich als Angestellter in einem zu engen Korsett, zum Beispiel hinsichtlich der Arbeitszeiten.

→ Man lässt sich nicht gerne von jemand anderem etwas sagen.
→ Man will ein zweites Standbein aufbauen oder nach einer Pause einen Wiedereinstieg in den Beruf vollziehen.
→ Man hat ein Talent, rechnet sich aber nicht viele Chancen aus, als Angestellter in dem betreffenden Bereich unterzukommen, möglicherweise weil einem die „herkömmliche" Ausbildung fehlt oder einschlägige Erfahrungen nicht vorhanden sind.
→ Man möchte einer ungeliebten beruflichen Situation entkommen.
→ Es gilt als schick und wird in der Presse propagiert. („Sind Sie ein Entrepreneur?")

Spielen Sie mit dem Gedanken, sich selbstständig zu machen? Dann denken Sie nicht gleich über das Wie nach, sondern sehen Sie erst einmal näher hin, welches Ihre ganz persönlichen Gründe sind.
Setzen Sie sich gemütlich auf Ihre Wohnzimmercouch, nehmen Sie Papier und Bleistift zur Hand und schreiben Sie Ihre Antworten auf folgende Fragen auf:

Welches sind Ihre Gründe?

→ Wann kam ich auf die Idee, mich selbstständig zu machen?

→ Warum möchte ich mich selbstständig machen?

→ Womit würde ich mich gerne selbstständig machen?

→ Was erhoffe ich mir von der Selbstständigkeit?

→ Was macht mich unsicher oder wovor habe ich Angst, wenn ich daran denke, tatsächlich Nägel mit Köpfen zu machen?

Das sieht nach ein paar einfachen Fragen aus. Ich versichere Ihnen, dass sie gar nicht so einfach sind ... und dass hier ziemlich komplexe Themen angesprochen werden. Nehmen Sie sich deshalb Zeit.

Zensieren Sie – wie immer – nichts, schreiben Sie alles nieder, auch wenn es Ihnen absurd erscheint. Abgesehen davon, dass Sie sich mit dem Aufschreiben „schriftlich festlegen", schaffen Sie hier schon eine wesentliche Vorarbeit: Zum einen werden Ihnen Ihre Gedanken und Pläne klarer und zum anderen können Sie auf den Antworten, die Sie jetzt geben, im Weiteren gut aufbauen.

Legen Sie den Grundstock für Ihren Erfolg!

Einen gelungenen Start werden Sie nur dann hinbekommen – und damit den Grundstock für Ihre erfolgreiche Selbstständigkeit legen –, wenn Sie die richtige Motivation haben und sich in der Planungsphase bewusst und konkret Gedanken machen.

Natürlich ist es damit alleine nicht getan. Fachliche Kompetenz und Erfahrung im Geschäftsleben sind ebenfalls von grundlegender Bedeutung. Das heißt nicht, dass Sie alles selbst können müssen, aber es ist wichtig den Bedarf an Know-how zu kennen, richtig einzuschätzen, was man selbst kann und weiß und wo man Unterstützung braucht.

Nicht jeder ist ein Selbstständiger

Selbstständig zu sein ist nicht besser als angestellt – und umgekehrt.

Selbstständig zu sein ist nicht besser, als angestellt zu sein – und umgekehrt. Eine allgemeine Aussage zugunsten des einen oder anderen lässt sich nicht machen. Es ist eine individuelle Vorliebe, die jeder für sich herausfinden muss.

In der Regel geht das, indem man sich darüber klar wird, was einem selbst wichtig ist, und sich im Detail mit dem „Was" und „Warum" auseinander setzt.

Als Angestellter haben Sie zwar keine garantierte Arbeitsplatzsicherheit, aber wenn nichts Unvorhergesehenes pas-

siert, können Sie darauf zählen, dass Sie jeden Monat Ihr Gehalt überwiesen bekommen, auch wenn Sie mal weniger produktiv oder krank sind. Sie haben eine vertraglich geregelte Freizeit (auch wenn Sie eventuell viele Überstunden machen) und können einige Wochen im Jahr in Urlaub gehen.
Außerdem haben Sie in der Regel Kollegen um sich. Sie bekommen Rückmeldungen zu Ihrer Arbeitsweise, Sie können sich mit anderen austauschen. Wer es gewöhnt ist, im Team zu arbeiten, tut sich möglicherweise schwer, plötzlich alleine zu werkeln.
Machen Sie sich einmal Gedanken, was Sie über Existenzgründung und das Selbstständigsein wissen:

→ Was haben Sie über Existenzgründungen gehört?

→ Was wissen Sie konkret über das Selbstständigsein?

Was wissen Sie über die Selbstständigkeit?

→ Sicher kennen Sie Selbstständige – einige davon Einzelkämpfer, andere eventuell mit einem kleinen oder gar größeren Unternehmen. Welches Bild haben Sie von diesen Bekannten? Welchen Eindruck haben Sie von deren Berufs-, aber auch von ihrem Privatleben?

→ Woher haben Sie Ihre Informationen (Presse, Hörensagen, selbst beobachtet ...)?

Schreiben Sie alles auf, was Ihnen dazu einfällt – Positives, Neutrales und Negatives.

Respektieren Sie Ihr persönliches Sicherheitsbedürfnis.

Wenn Sie sehr auf Sicherheit bedacht sind, auf „Garantien“, dass die Dinge so laufen, wie Sie es sich vorstellen, dann ist es wichtig, dass Sie sich genauer damit auseinander setzen. Denn als Existenzgründer gibt es keine Garantien. Sie sind auf sich allein gestellt.

Keine Sorge! Es gibt sehr viele Informationen und Unterstützung, auf die Sie zurückgreifen können und die Ihnen hilfreich sein werden.
Doch unterschätzen Sie nicht die psychologische Seite: Wenn Sie eine bestimmte Sicherheit einfach brauchen, kann es Probleme geben, wenn diese plötzlich nicht mehr da ist.

Die Angestellte einer Bank möchte sich als Finanzdienstleisterin selbstständig machen. Sie kann mit Zahlen umgehen, ist gut in ihrem Geschäft, hat sich fortgebildet und einen Businessplan erstellt – ihre Selbstständigkeit ist seit Monaten gezielt und intensiv vorbereitet. Dennoch zögert sie. Der Grund: ihr sehr hohes Sicherheitsbedürfnis. Sie sagt: „In der Bank, in der ich arbeite, haben wir unten im Keller einen Riesensafe. So seltsam es klingt: Dieser Safe und das Geld, das darin lagert, geben mir Sicherheit. Auch wenn es überhaupt nicht mir gehört. Wenn ich mich selbstständig mache, habe ich diese Sicherheit nicht mehr. Und was ist, wenn ich nicht genug Geld verdiene und unter der Brücke schlafen muss?"

Das Beispiel zeigt sehr schön, wie irrational die Gründe manchmal sind. Vielleicht haben Sie beim Lesen dieser Zeilen geschmunzelt. Dennoch ist es wichtig, auch solche Gedanken ernst zu nehmen. Denn auch wenn der Bankerin die Vernunft sagt: „Das Geld im Safe hat nichts mit mir persönlich zu tun", so hat es eben doch etwas mit ihr zu tun: Es gibt ihr Sicherheit. Sie fühlt sich gut aufgehoben und kann beruhigt ihrer täglichen Arbeit nachgehen.

Auch vermeintlich irrationale Gründe sollte man immer ernst nehmen.

Eigenschaften, die für einen Selbstständigen vorteilhaft sind – ergänzen Sie eigene Eigenschaften:

Selbsteinschätzung

☺ 😐 ☹

Ich bin ...

... selbstbewusst.
... positiv.
... realistisch.
... entscheidungsfreudig.
... kommunikativ.
... flexibel.
... offen.
... begeisterungsfähig.
... interessiert an anderen.
... auf Qualität bedacht.

Ich kann ...

... analysieren.
... planen.
... mich organisieren.
... Prioritäten setzen.
... „Nein" sagen.
... improvisieren.
... mich selbst motivieren.
... andere für etwas begeistern.
... mit Rückschlägen gut umgehen.
... aus Fehlern lernen.
... nach vorne schauen.
... verkaufen.

Ich …	☺	😐	☹
… habe Selbstdisziplin.			
… vertraue auf mich selbst und auf meine Fähigkeiten.			
… gehe auch mal ein Risiko ein.			
… gehe gern auf Leute zu.			
… übernehme die Verantwortung für mich selbst.			
… nehme die Dinge gerne selbst in die Hand.			

Haben Sie jetzt einen Schreck bekommen? Weil Sie der Liste entnehmen, dass Sie als Selbstständiger „Supermann“ sein sollen? Weit gefehlt. Die aufgezählten Eigenschaften sind lediglich von Vorteil, wenn Sie sich selbstständig machen möchten, nicht aber Bedingung dafür. Die Selbsteinschätzung soll Ihnen dabei helfen, sich tiefgehender mit sich selbst zu beschäftigen und in konzentrierter Form zu sehen, wo Sie stehen.

Sie müssen nicht alles zu 100 Prozent können.

Denken Sie über all diese Eigenschaften – unabhängig davon, wie Sie „abgeschnitten“ haben – näher nach:

- ➔ Was bedeuten sie für Sie konkret?
- ➔ In welchen Situationen konnten Sie die eine oder andere Eigenschaft bereits unter Beweis stellen?
- ➔ Welche bestätigt Ihnen auch Ihr Umfeld immer wieder? Wofür werden Sie gelobt oder bewundert?
- ➔ Was finden Sie selbst gut an sich? Wo sind Sie sich Ihrer Schwierigkeiten bewusst, was mögen Sie nicht?

→ Vielleicht gibt es Eigenschaften, die Sie nicht gut finden und sich absichtlich nicht aneignen?

Was ein Selbstständiger können muss

Nur fachlich gut sein reicht nicht.

Fachlich kompetent zu sein in dem, was man anbietet, ist das A und O. Natürlich! Aber alles ist es nicht. Denn ein Selbstständiger braucht viele andere Fähigkeiten, die nötig sind, um sein Geschäft in Gang zu bringen – und zu halten.
Gerade Leute, die sich aus dem Angestelltenverhältnis heraus selbstständig machen, bedenken eines oft nicht: Sie können fachlich noch so gut sein – wenn sie keine Aufträge akquirieren, kommen sie gar nicht so weit, dies zu zeigen. Als Angestellter kann man sich voll und ganz der Ausführung widmen. Denn Arbeit ist ja immer da. Entweder gibt es bereits Kunden und laufende Aufträge, oder jemand aus einer anderen Abteilung kümmert sich darum, ob durch Werbe- und PR-Maßnahmen oder durch direkten Verkauf.
Als Selbstständiger klingelt das Telefon erst mal gar nicht. Nicht, weil niemand Ihre Leistung oder Ihr Produkt braucht, sondern weil niemand etwas von Ihrer Existenz weiß.

!

Ein Selbstständiger muss:
→ fachlich gut sein;
→ fachlich auf dem Laufenden bleiben;
→ planen, organisieren und priorisieren können;
→ sich und seine Leistung/sein Produkt verkaufen können;
→ fit in der Verwaltung sein;
→ Finanzen, Controlling, steuerliche Belange unter Kontrolle haben.

Ein Selbstständiger ist in vielen Disziplinen gefordert.

Kurz gesagt, ein Selbstständiger muss eine „Eier legende Wollmilchsau“ sein. Auch wenn es möglich ist, sich teilweise mit freien Mitarbeitern zu behelfen, und auch wenn Sie vielleicht bereits mit Mitarbeitern an den Start gehen, ist es wichtig, dass Sie persönlich entsprechende Kenntnisse und Fähigkeiten haben beziehungsweise sich diese aneignen. Die gute Nachricht: Unterstützung dafür gibt es genug!

Wie sieht es mit Ihrem Umfeld aus?

Familie, Lebenspartner und Freunde spielen ebenfalls eine große Rolle. Rät man Ihnen zu, Ihren Traum der Selbstständigkeit zu verwirklichen, unterstützt man Sie, wo man kann? Oder sind Sie von Menschen umgeben, die warnend den Zeigefinger heben und die Zukunft schwarz malen?
Es ist wunderbar, wenn Sie Leute kennen, die Ihnen konstruktiven Rat geben – oder Ihnen auch einmal den Kopf zurechtrücken. Das ist viel besser als permanente negative Skepsis, bei der ständig ein „Ich hab’s doch gleich gesagt dass das nichts wird“ über Ihnen schwebt.

> Wichtig ist auch, dass Sie und Ihr Lebenspartner/Ihre Familie und auch Ihre Freunde sich darüber im Klaren sind, dass im Falle einer Existenzgründung der Beruf ganz knallhart in den Mittelpunkt rückt. Das wirkt sich natürlich auch auf Ihr Privatleben aus.

Nein, es ist nicht davon die Rede, dass Sie plötzlich 20-Stunden-Tage haben, auch wenn Sie sicherlich gerade in der Anfangsphase mehr Zeit investieren werden, müssen und wollen. Es geht vielmehr darum, dass die Selbstständigkeit einen wichtigen Teil Ihres Lebens ausmacht: Sie stellen da etwas auf die Beine. In der Regel ist das mit einer Durststrecke verbunden und auch mal mit Selbstzweifeln – oder Ihr Geschäft boomt und Sie reden plötzlich von nichts anderem mehr ... So oder so: Der neue Aspekt Ihrer Berufstätigkeit muss erst in Ihr Leben integriert werden. Und das bedeutet eine Neuordnung, die Ihr Umfeld im Idealfall mittragen sollte. Sonst kommen zu Ihren beruflichen Umwälzungen private Schwierigkeiten hinzu – und auch diese können dazu beitragen, dass sich Ihr Geschäft nicht so entwickelt, wie es könnte, oder gar aus familiären Gründen scheitert.

Die Unterstützung Ihres Umfelds ist wichtig!

!

Achten Sie darauf, dass Sie nach wie vor ein Privatleben haben und es auch pflegen. Beziehen Sie Ihren Lebenspartner, Ihre Familie, Freunde mit ein. Das bedeutet nicht, dass Sie alle Pläne offen legen oder gar zu allem eine Meinung einholen müssen, sondern dass Sie niemanden aus Ihrem Leben ausschließen oder zurückdrängen.

Stichwort „Geld"

Bei aller Träumerei: Geld ist ein wichtiger Aspekt!

Müssen wir jetzt über Geld reden? Kann man das Finanzielle nicht einfach mal beiseite lassen, noch dazu, wo es um die Verwirklichung von Träumen geht? Doch, wir müssen. Denn am Geld kann es schnell scheitern, wie dieser Bericht einer ehemaligen Selbstständigen gut illustriert:
„Ich habe meine Dienstleistung nach fünf Monaten wieder aufgegeben, weil ich nicht einen einzigen Auftrag bekam. Das ging natürlich an die Finanzreserven und der Vermieter drohte mir schon damit, mich auf die Straße zu setzen."
An diesem Beispiel zeigt sich vor allen Dingen eines: Diese Existenzgründerin hat nicht weit genug im Voraus geplant und ihre finanziellen Möglichkeiten nicht geprüft. In manchen Ratgebern wird davon gesprochen, dass man Rücklagen haben sollte, die einem über ein ganzes Jahr helfen. An diesem Rat ist durchaus etwas Wahres dran.
Bei Existenzgründungen spricht man von einer Dreijahresre-

Die Dreijahresregel

gel. Im ersten Jahr kümmert man sich um den Aufbau, schafft Kontakte und macht seine Firma und das Angebot bekannt. Man wird auf finanzielle Rücklagen zugreifen müssen, zum einen für notwendige Investitionen, zum anderen auch für den Lebensunterhalt. Im zweiten Jahr verdient man bereits, doch erst im dritten Jahr wird davon ausgegangen, dass man auf einem Stand ist, auf dem man aufbauen kann.

Natürlich sind das Durchschnittswerte. Manche Selbstständige starten bereits mit festen Aufträgen oder sind schon im ersten Jahr sehr gut im Geschäft, andere krebsen nach zehn Jahren noch herum. Als Richtwert sind diese drei Jahre jedoch sehr geeignet. Wenn das Geld knapp wird, sodass Sie wichtige Investitionen nicht tätigen oder sogar Ihre Fixkosten wie Miete etc. nicht mehr bezahlen können, geraten Sie derart unter Druck, dass es sich auf Ihr junges Geschäft fatal auswirkt. Als Existenzgründer brauchen Sie Ihre Energie jedoch – und müssen sich ganz auf Ihr „Baby“ konzentrieren können.

Hier einige Fragen zum Thema Geld, die Sie sich in Ruhe durch den Kopf gehen lassen sollten – natürlich unabhängig von einer soliden Finanzplanung, die Sie auf jeden Fall brauchen, wenn Sie den Schritt in die Selbstständigkeit gehen.

- → Wie wichtig ist Ihnen Geld?
- → Sie haben ein bestimmtes Niveau an Einnahmenhöhe erreicht – aus einem Angestelltenverhältnis oder auch aus der Selbstständigkeit heraus. Sind Sie mit diesen Einkünften zufrieden? Inwiefern ja/nein?
- → Wie stellen Sie sich Ihre finanzielle Situation bei einer Existenzgründung vor? Könnten Sie für eine Zeit mit wenig(er) Geld über die Runden kommen? (Ziehen Sie Ihren Lebenstil, Ihre Familie, Zahlungsverpflichtungen usw. in Betracht.)

Positive und negative Aspekte

Auch die Selbstständigkeit hat Vor- und Nachteile.

Wie überall gibt es auch bei der Selbstständigkeit Vor- und Nachteile. Diese werden ganz unterschiedlich empfunden. Wir haben einige Selbstständige gefragt, was sie positiv empfinden und welches die Schattenseiten für sie sind. Die Befragten sind zum Teil erst seit Kurzem selbstständig, zum Teil bereits mehrere Jahre ihr eigener Herr und in unterschiedlichen Bereichen tätig: die Besitzerin eines Computerspiele-Ladens, der Inhaber eines Reisebüros, der Unternehmensberater, der Chef einer Internetfirma, der selbstständige Elektroingenieur, die Personalberaterin, der Kommunikationstrainer, der Fotograf und die Diplompsychologin, die Führungskräfte berät und trainiert.

!

Warum ich gern selbstständig bin/ Was das Beste an der Selbstständigkeit ist

- ➔ Das Beste ist, dass ich meine eigene Form von Qualität bieten kann, mir dabei nicht dreinreden zu lassen brauche und meine Kunden beurteilen, ob's gut ist oder nicht.
- ➔ Selbstbestimmung: Ich entscheide selbst durch meinen Einsatz und meine Fähigkeiten über die Höhe meines Einkommens. Freie Zeit- und Arbeitseinteilung: Ich kann mir Kunden und Menschen, mit denen ich zu tun habe, weitestgehend selbst aussuchen, kann meine Ideen und Fantasien ohne Behinderung durch „Bedenkenträger"/Kollegen/Vorgesetzte selbst verwirklichen. Erfolg und auch Misserfolg sind in der Regel direkt auf mich selbst zurückzuführen, sodass ich selbst den Lauf der Dinge beeinflussen kann.

- Grundsätzlich kann ich den Weg, den das Unternehmen mit mir nimmt, mitbestimmen. Des Weiteren ist mir die Arbeit mit immer wieder wechselnden und neuen Auftraggebern nebst Teammitgliedern sehr wichtig.
- Toll ist, dass ich die (großen und kleinen) Dinge so machen kann, wie ich es für richtig halte. Ob ich den teureren, aber schöneren Stift will oder meine Öffnungszeiten ändere: Wenn ich möchte, mache ich es. Und ich bin nicht irgendein Rädchen in einem Riesengebilde, sondern weiß immer über alles Bescheid, was in meiner Firma passiert, und bekomme den Erfolg oder Misserfolg direkt zu spüren.
- Auf jeden Fall habe ich die Möglichkeit der freien Entscheidung, ohne Rechenschaft ablegen zu müssen. Einschränkungen sind lediglich durch wirtschaftliche Vorgaben notwendig.
- Probleme (Schlamperei, Stümperei etc.) beim Kunden sind nicht mehr meine Probleme wie früher als Angestellter. Wenn's doch zu blöd wird, muss ich mit einem Kunden nicht weiter zusammenarbeiten. Die Zeiteinteilung und meine Entwicklung kann ich selbst steuern.
- Ich trage die volle Verantwortung für meine Arbeit und meine Freizeit. Das wirkte sich für mich als langjährigen Angestellten in hohem Maße positiv und befreiend aus.
- Unabhängigkeit, freie Zeiteinteilung, mögliche Richtungswechsel der eigenen Branchenorientierung.
- Dass ich mir sowohl meine Erfolge als auch meine Pleiten selbst zuschreiben kann!

Was ich an der Selbstständigkeit nicht mag

- Die Notwendigkeit des Klinkenputzens.
- An meiner Selbstständigkeit gibt es eigentlich nicht wirklich etwas, das ich nicht mögen würde. Als lästige und frustrierende Begleiterscheinungen zu erwähnen sind allerdings natürlich die fortdauernde Gängelung durch Staat und Verwaltung und deren leistungsfeindliche Steuer- und Verwaltungspolitik.
  Zuweilen ist es auch schwierig, bei Nichtselbstständigen Verständnis für meinen Job zu wecken: Viele verstehen nicht, dass ich selbst über Art und Umfang meiner Arbeitszeiten entscheide. Auch dass ich mich mehr einsetzen muss als andere, reguläre Angestellte und dass Privat- und Arbeitsleben nie wirklich getrennt sind, weil ich häufig in Gedanken bei meiner Firma bin, ist manchmal nur schwer zu vermitteln. Dass man sich gerade als Selbstständiger mit seinem Tun wirklich identifiziert, auch identifizieren muss, können viele nicht nachvollziehen.
- Kein regelmäßiges Einkommen zu haben ist schon schwierig. Und manchmal ist es auch blöd, dass oft alles an einem selbst hängt und keiner einem was abnimmt.
- Die Gängelung durch Ämter und Behörden, die Bürokratie und der Zwang, unangenehme, aber wirtschaftlich notwendige Entscheidungen zu treffen, die unter Umständen auf dem Rücken von Mitarbeitern ausgetragen werden.
- Selbstmotivation strengt mich an. Meine Entwicklung muss ich selbst steuern.
- Ich trage die volle Verantwortung für meine Arbeit und meine Freizeit. Das hatte für mich als langjährigen Angestellten eine gewisse Verunsicherung zur Folge: Abschalten können und ohne schlechtes Gewissen Urlaub machen fällt oft schwer.

- ➔ Die Buchhaltung.
- ➔ Die Hände des Finanzamts immer wieder aufs Neue aus meinen Taschen ziehen zu müssen.
- ➔ Dass ich selbst und ständig arbeite …

Wenn Sie sich mit dem Gedanken tragen, sich selbstständig zu machen, dann können Sie sich bestimmt mit einigen dieser Aussagen identifizieren. Wir möchten ein paar davon herausgreifen und näher betrachten:

Eigenverantwortlich sein und handeln

➔ *Erfolg und auch Misserfolg fallen auf mich selbst zurück*
Ja, als Selbstständiger sind Sie immer der Auslöser: Sie können sich über Ihre Erfolge freuen, stehen allerdings auch völlig alleine für die Misserfolge gerade – und die wird es immer mal geben. Interessant ist, dass das Thema „Erfolg/Misserfolg“ zweimal genannt wurde, und zwar immer auf der Positivseite. Das zeigt sehr schön eine sehr wichtige Eigenschaft, die man als sein eigener Chef braucht: sich der eigenen Rolle bewusst zu sein und die Verantwortung zu übernehmen und sowohl in der Lage zu sein, die eigenen Erfolge zu sehen und zu feiern, als auch für Fehlentscheidungen geradezustehen und keine äußeren Umstände als „Schuldigen“ zu suchen.

- ➔ Wie gehen Sie mit Fehlern und/oder Fehlentscheidungen um?

  ____

- ➔ Wie reagieren Sie, wenn Sie einen Misserfolg haben?

  ____

- ➔ Lernen Sie aus Fehlern oder verfolgen Misserfolge Sie längere Zeit? Grübeln Sie und schelten Sie sich womöglich selbst, dass Sie nicht anders reagiert haben?

→ *Selbstmotivation strengt mich an*
Vor allen Dingen in der Aufbauphase, wo alles Neuland ist, wo es viel zu überblicken, zu organisieren gibt und wo das Geschäft erst einmal in Gang gebracht werden muss, ist es wichtig, sich selbst motivieren zu können. Doch auch später geht es weiter: ob bei zu wenig Arbeit oder zu viel Arbeit, ob es darum geht, als Einzelkämpfer in die Gänge zu kommen – ohne oder mit wenig Austausch und Kontakt zu Kollegen.

→ Können Sie gut alleine arbeiten oder brauchen Sie Leute um sich herum?

→ Wenn Sie down oder ganz einfach lustlos sind: Sind Sie in der Lage, sich selbst zu motivieren oder auch einmal „in den Hintern zu treten“?

Auch Einzelunternehmer können in Gesellschaft arbeiten.

Wichtig: Als Selbstständiger können Sie natürlich Ihr Umfeld auch so wählen, dass Sie Leute um sich herum haben, indem Sie eine Leistung anbieten, die Sie in die Unternehmen Ihrer Kunden bringt. Oder auch, indem Sie Ihren Arbeitsplatz in eine Bürogemeinschaft verlegen, in der andere Selbstständige tätig sind, die ebenfalls offen für Austausch und Gemeinschaft sind.

→ *Manches ist positiv und negativ zugleich.*
Interessant ist, dass zwei Personen dieselbe Sache sowohl auf der Positiv- als auch auf der Negativseite genannt haben:
„Meine Entwicklung kann/muss ich selbst steuern“
und
„Ich trage die volle Verantwortung für meine Arbeit und meine Freizeit …“

Auch das ist der Alltag eines Selbstständigen: die zwei Seiten einer Medaille. Nicht alles, was man als Vorteil empfindet, ist auch zu hundert Prozent einer. Viele Menschen, deren Traum die Selbstständigkeit ist, führen die Möglichkeiten an, die man selbst bestimmen und nützen kann, wenn man möchte. Das Korsett, das sie als Angestellte empfinden, ist dann vermeintlich weg. Es ist wichtig, diese Möglichkeiten genauer anzusehen und die Kehrseite der Medaille ebenfalls zu betrachten – nicht um sich entmutigen zu lassen, sondern um realistisch zu sein und sich auch darauf vorzubereiten.

Ein Vorteil kann gleichzeitig ein Nachteil sein.

Lesen Sie sich zur Inspiration die Originalaussagen der von uns befragten Selbstständigen noch einmal durch. Schreiben Sie dann einmal auf:

→ Welche Möglichkeiten erhoffen Sie sich durch die Selbstständigkeit? Was könnten Sie dann tun, was Sie als Angestellter nicht oder nicht in dem gewünschten Maße realisieren können?

→ Durchdenken Sie nun die einzelnen Möglichkeiten einmal im Detail: Was bedeutet jeder Punkt konkret? Was für „negative" Seiten bringt eine Möglichkeit mit sich? Welche Anstrengung könnte sich dahinter verbergen?

→ Wo sehen Sie überhaupt keine Probleme, und wo könnten Sie ins Straucheln kommen? Welche Lösungen gibt es dafür?

Selbstständig – aber als was eigentlich?

Klingt etwas seltsam, diese Überschrift. Aber es geht manchen Menschen so, dass sie zwar unbedingt ein eigenes Business aufziehen möchten, jedoch nicht immer klar ist, wie die eigene Firma konkret aussehen könnte.
Es gibt drei Möglichkeiten:

1. Man macht sich mit seinem Beruf selbstständig.
2. Man macht sich mit einer anderen Fähigkeit/in einem neuen Bereich selbstständig.
3. Man möchte sich unbedingt selbstständig machen, aber ist sich noch nicht sicher, womit.

Und über allem schwebt die Frage: Wird das, was ich anbiete, überhaupt gebraucht? Wie sieht der Markt für meine Leistung oder mein Produkt aus?
Lassen wir Marktsituation & Co. erst einmal beiseite (lesen Sie in „Erste Schritte zur Verwirklichung" ab Seite 175 mehr dazu) und sehen wir uns das Womit einmal näher an.

Sich aus dem eigenen Beruf heraus selbstständig zu machen hat viele Vorteile.

Am häufigsten machen sich Leute wohl aus ihrem ausgeübten Beruf heraus selbstständig. Das hat viele Vorteile:

➔ *Sie haben Erfahrung und können diese auch nachweisen.*
Bei der Akquise von Aufträgen ist es natürlich vorteilhaft, wenn Sie Ihre Kompetenz beweisen können. Dies geschieht entweder durch Ihren bisherigen Werdegang, durch Referenzen oder auch Arbeitsproben. Da es gerade am Anfang an Referenzen und fertigen Projekten mangelt, ist Ihre Erfahrung aus dem Angestelltenverhältnis wichtig und unterstreicht Ihre Qualitätsversprechen.

➔ *Sie wissen, dass Sie in diesem Bereich kompetent sind.*
Das ist ein ganz wichtiger Aspekt: sich in dem, was man anbietet, auch sicher zu sein und kompetent zu fühlen. Sie brauchen sich dann keine Sorgen zu machen, dass Sie zu wenig wissen, oder gar befürchten, dass ein Auftrag An-

forderungen an Sie stellt, denen Sie nicht gerecht werden können.
Außerdem können Sie klar einschätzen, welche Leistungen Sie bieten können und wo Sie Defizite haben.

Hier kommt die Selbst- und Fremdeinschätzung wieder zum Tragen. Lesen Sie analog dazu bitte ab Seite 128 im Abschnitt „Ein neues Berufsbild“.

Selbstbewusst nach außen treten

- *Sie können selbstbewusst Ihre Leistung verkaufen.*
  Das geht Hand in Hand mit dem eben genannten Punkt „kompetent sein“: Wenn Sie sich Ihrer Sache sicher und von sich überzeugt sind, treten Sie ganz anders auf – und haben es leichter, potenzielle Kunden für sich zu gewinnen.
- *Sie müssen sich vielleicht einige Zusatzfähigkeiten und -kenntnisse aneignen, das Gros Ihres Angebots beherrschen Sie.*
  Wie bereits erwähnt werden an einen Selbstständigen sehr viele weitere Anforderungen gestellt, die über den fachlichen Bereich hinausgehen. Wenn Sie in Ihrem Fachbereich sattelfest sind, können Sie sich den Schwachpunkten auf anderen Gebieten widmen, zum Beispiel Marketing oder Finanzen.
- *Sie haben unter Umständen bereits Kontakte, die Sie nutzen können.*
  Wer in seinem eigenen Geschäftsbereich bleibt, hat häufig durch seine Angestelltenzeit bereits gute Kontakte, die er jetzt nutzen kann.

Nutzen Sie bestehende Kontakte!

So sehr wir Ihnen empfehlen, bestehende Kontakte zu nutzen, so bitten wir Sie doch um Feingefühl und Respekt: Ihrem ehemaligen Arbeitgeber Geschäfte abspenstig zu machen oder interne Kundendaten zu benutzen sollte – nicht nur wegen eventueller rechtlicher Konsequenzen – tabu sein!

Es kann Ihnen jedoch auch Folgendes passieren:

→ *Der Beruf, wie Sie ihn als Angestellter kennen, stellt sich in der Selbstständigkeit anders dar.*
Sie haben bisher vielleicht nur Teilaufgaben ausgeführt, sind jetzt aber für einen weiteren Bereich zuständig. Wer beispielsweise in einer Marketingabteilung für das Texten von Werbebriefen zuständig war, bietet nun möglicherweise Full-Service für Mailingaktionen an und kümmert sich um die gesamte Konzeption, Organisation und Realisierung.
Oder der umgekehrte Fall: Die Sekretärin einer kleinen Firma ist die rechte Hand vom Chef und managt die gesamte Verwaltung. Ihr Schreibtisch ist Dreh- und Angelpunkt des Unternehmens, sie blüht durch das breite Spektrum der Aufgaben und den Austausch mit den Mitarbeitern völlig auf. Nach dem Schritt in die Selbstständigkeit sitzt sie zum Teil wochenlang alleine am PC und bearbeitet sehr eng umrissene Konzepte.

Machen Sie sich nur auf einem Gebiet selbstständig, für das Sie eine Leidenschaft haben!

→ *Sie machen Ihren Beruf eigentlich gar nicht so gerne, möchten aber unbedingt Ihr eigenes Geschäft haben und entscheiden sich deshalb für das, was Sie erwiesenermaßen können.*
Was man gut kann, ist nicht immer das, was man auch gerne macht. Es ist sehr wichtig, vernünftig und geplant an die Selbstständigkeit heranzugehen. Aber denken Sie auch daran, dass es um den „Traumjob" geht, also nicht nur um die Form Ihrer Berufstätigkeit, sondern vor allen Dingen um den Inhalt.

Wenn Sie überlegen, sich in einem völlig neuen Bereich selbstständig zu machen, dann stellen Sie sich auch diese Fragen:

- ➔ Haben Sie in dem Bereich, in den Sie gehen möchten, bereits genug Fachwissen und Erfahrung? Oder brauchen Sie noch eine entsprechende Aus- oder Fortbildung?
- ➔ Wenn es sich um eine Tätigkeit handelt, die Sie bisher als Hobby betreiben oder für die Sie nach Meinung anderer sehr gut geeignet sind, heißt es, selbstkritisch zu analysieren, ob Ihre Fähigkeiten und Kenntnisse für eine erfolgreiche Selbstständigkeit ausreichend sind.

Das Hobby zum Beruf machen

Das „Hobby zum Beruf" zu machen, das wünschen sich viele. Und natürlich: Wer seine Tätigkeit liebt, wird erfolgreicher sein als jemand, der sich durch den Tag schleppt. Wer begeistert von der Sache und von seiner eigenen Leistung ist, wird sich mit der Akquise von Kunden leichter tun.
Dennoch kann auch das liebste Hobby langweilig oder einem gar vergällt werden, wenn es plötzlich zum (Berufs-)Lebensinhalt wird. Schließlich ist es auch wichtig, daran zu denken, dass ein Hobby, das zum Beruf wird, nicht mehr in der Form ausgeübt werden kann wie früher.
Zwei Beispiele dazu:

(1) *„Etwas gerne machen"*
Die gelernte Steuergehilfin war lange Zeit in der Finanzabteilung eines Medienkonzerns tätig. Schließlich machte sie sich als Buchhalterin selbstständig. Nach einem Jahr erfolgreicher Selbstständigkeit in diesem Bereich beschloss sie, sich einen Traum zu erfüllen: einen Laden für Computerspiele. Die Motivation dahinter: Ich spiele selbst gern am Computer. Ich möchte viel Kontakt mit Menschen haben und sie beraten.
Oberflächlich betrachtet ist das eine seltsame Qualifikation – „Ich spiele gerne Computerspiele" –, dennoch ist es ein treibender Faktor: Die Besitzerin eines Ladens braucht Interesse und idealerweise Leidenschaft für ihre Produkte, denn wenn sie selbst begeistert davon ist, wird der Funke auf ihre Kunden überspringen. Außerdem wird sie besser beraten kön-

nen, wenn sie Detailkenntnisse von Produkten hat, die sie selbst gerne mag. Das alleine und der Wunsch – und die Fähigkeit –, mit Menschen gut umzugehen, reichen natürlich nicht aus.

Ein eigenes Ladengeschäft bringt viele weitere Anforderungen mit sich, allen voran die Fähigkeit, pro-aktiv zu verkaufen und zu werben – und natürlich finanziell gut zu planen und zu wirtschaften.

Im konkreten Fall kommt der Ladenbesitzerin ihre Berufserfahrung in Finanz-, Controlling- und Steuerfragen zugute. Außerdem hat sie als zweites Standbein die Möglichkeit, ihren Buchhaltungsservice weiter zu betreiben.

(2) *„Etwas gut können"*

Der Teilzeit-Bürokraft wurde im Bekanntenkreis immer wieder gesagt, dass sie gut Bewerbungen formulieren könne. Sie macht sich selbstständig mit einer Bewerbungsberatung. Ihre einzigen Kenntnisse bestehen im Umgang mit Office-Computerprogrammen und es reizt sie, von zu Hause aus arbeiten zu können.

Die Meinung von Bekannten allein reicht nicht aus.

Dieser Fall ist etwas problematischer: Denn als einzige Qualifikation ist hier die Meinung von Bekannten, denen bisher bei Bewerbungsunterlagen geholfen wurde, vorhanden sowie die Fähigkeit, Unterlagen am Computer zu erstellen und zu gestalten. Abgesehen vom Freundeskreis hat die Selbstständige keinen Maßstab, um zu beurteilen, wie gut sie tatsächlich ist, welche Anforderungen allgemein an gute Bewerbungen gestellt werden – und keinerlei Vorkenntnisse in Bezug auf andere wichtige Themen wie Verwaltung, Marketing, Finanzen, Eigenpräsentation und Verkauf.

Zudem ist die angestrebte Bewerbungsberatung eine komplexere Angelegenheit als das bloße Erstellen von Unterlagen. In diesem Fall sind auch Kenntnisse von Personalangelegenheiten und idealerweise praktische Erfahrung in der Bewerberauswahl wichtig.

Die Gründung ist bereits in den ersten Monaten ins Stocken geraten: Die Selbstständige stürzte sich zunächst in Marketingmaßnahmen wie Werbeflyer, Visitenkarten und ihre eigene Internetseite, bevor sie die eigentlichen Leistungen festlegte. Die Honorare waren nach Gefühl kalkuliert und bereits ein erstes grobes Überschlagen der erwarteten Einnahmen ergab, dass auf diese Weise nicht genug in die Kasse kommen würde.

Am richtigen Ende anfangen

Der dritte Punkt – sich gerne selbstständig machen zu wollen, aber nicht zu wissen, womit eigentlich – ist kritisch. Aber keine Sorge: Mit gewissenhafter Analyse und guter Planung ist auch das natürlich ein gangbarer Weg.
Die Möglichkeiten, sich in einem fremden Bereich selbstständig zu machen, sind vielfältig, zum Beispiel:

Qualifizieren Sie sich durch Aus- oder Fortbildung.

→ *Eine Extra-Ausbildung in dem neuen Bereich*
  Es gibt viele Möglichkeiten, auch als Erwachsener, eine Aus- oder Fortbildung zu machen. Je nachdem, wie Ihre Ausgangslage ist und wonach Sie streben, kann eine Zusatzausbildung reichen oder aber Sie möchten sich in einem neuen Beruf ausbilden lassen.
  Prüfen Sie für sich, welcher Art die Ausbildung sein darf, was Zeit und Investition angeht, und wie es mit einem anerkannten Abschluss steht.
  Wählen Sie das Ausbildungsinstitut sorgfältig aus. Hören Sie sich um, wie die Erfahrungen von Absolventen sind und wie anerkannt Abschlüsse des betreffenden Insititutes sind.

Franchising: von vorhandenen Strukturen und eingeführten Marken profitieren

→ *Franchising*
  Beim Franchising macht man sich selbstständig und profitiert von einem vorhandenen erfolgreichen Konzept: Mit eigenem Kapitaleinsatz bietet man Waren oder Leistungen an, die der so genannte Franchise-Geber bereitstellt. Die Leistungen und Pflichten von Franchise-Geber und -Nehmer werden natürlich genau festgelegt.

Ein Beispiel für Franchising ist McDonald's. Laut Angaben auf deren Internetseite werden derzeit mehr als zwei Drittel der McDonald's-Restaurants von selbstständigen Unternehmern im Franchise-Modell betrieben.

Die Vorteile für beide Seiten liegen auf der Hand: Der Selbstständige profitiert von einer etablierten Marke, vom Image, von vorhandenen Strukturen, gemeinsamer Werbung etc. – das Unternehmen erweitert stetig sein Filialnetz, arbeitet jedoch mit Geschäftspartnern, die ihrerseits auf eigene Rechnung tätig werden.
Franchising gibt es quer durch alle Branchen in unterschiedlichen Modellen. Im Anhang finden Sie entsprechende Internetseiten, wo Sie sich zu Vor- und Nachteilen und über mögliche Franchise-Geber näher informieren können.

Auch eine Betriebsübernahme ist möglich.

→ *Betriebsübernahme/Unternehmensnachfolge*
Vielleicht möchten Sie einen vorhandenen Betrieb übernehmen. Zum einen stehen Firmen oder Kundenstämme zum Verkauf an, zum anderen suchen Unternehmen, insbesondere Familienbetriebe, häufig nach Nachfolgern.

Zum Thema „Unternehmensnachfolge" gibt es eine bundesweite Gemeinschaftsinitiative des Deutschen Industrie- und Handelskammertages, des Zentralverbands des Deutschen Handwerks und der KfW-Mittelstandsbank. Nähere Informationen unter www.change-online.de.

→ *Als Partner einsteigen*
Sie steigen in ein vorhandenes Unternehmen als Partner ein.

Sehr wichtig ist es, sich nicht ausschließlich danach zu richten, was vermeintlich momentan gefragt ist. Natürlich sollten Sie sich den betreffenden Markt ansehen und vorausschauend planen. Jedoch wäre die alleinige Ausrichtung nach vermeintlichen Boom-Angeboten der falsche Weg.

Alleine oder mit anderen?

> Was ist besser: Sich alleine oder gemeinsam mit anderen selbstständig zu machen? Diese Frage lässt sich nicht allgemein beantworten. Wichtig ist: Nur auf Basis persönlicher Bekanntschaft oder Freundschaft sollte keine gemeinsame Firma gegründet werden. Denn ein privates Sich-gut-Verstehen hat überhaupt nichts mit dem Geschäftsleben zu tun. Genauso riskant ist es, sich mit Fremden oder nur flüchtig Bekannten zusammenzutun, nur weil man sich geschäftlich möglicherweise ergänzt. Wir selbst haben, bevor wir uns gemeinsam selbstständig gemacht haben, fast zehn Jahre lang im selben Unternehmen gearbeitet und wussten daher genau, dass wir gut zusammenarbeiten, wie unsere „Stile" sind, dass wir zwar unterschiedliche Arbeitsweisen haben und völlig verschiedene Persönlichkeiten sind – aber ähnliche Einstellungen und Ziele haben.

Gute Freunde machen noch keine guten Geschäftspartner!

Wir persönlich kennen keine Existenzgründung von zwei oder mehreren Personen, die gut geklappt hat – in einigen gibt es Ärger, andere scheitern völlig.

Je nachdem, in welchem Bereich und mit welcher Leistung Sie sich selbstständig machen möchten, sollten Sie sich überlegen, ob Sie nicht besser ein Einzelunternehmen gründen. Sie können ja jederzeit mit anderen Einzelunternehmern projektweise zusammenarbeiten.

Kooperieren Sie mit anderen – arbeiten Sie in Netzwerken.

Erste Schritte zur Verwirklichung

Jetzt haben Sie schon einiges in der Hand, mit dem Sie abklopfen können, ob die Selbstständigkeit für Sie als „Traumberuf“ gilt. Natürlich können wir in diesem Buch nur einen Überblick geben. Wenn Sie in Ihrer Vorstellung, eine eigene Firma zu gründen, bestätigt sind, dann heißt es Ärmel hochkrempeln ... denn da gibt es jetzt einiges für Sie zu tun:

Vorsprung durch Information!

→ *Informieren Sie sich gut!*
Die Angebote für Existenzgründer sind mehr als zahlreich – angefangen von Büchern über das Internet bis hin zu kostenfreien Beratungen oder Kursen. Nehmen Sie diese Chancen unbedingt wahr, in erster Linie, um das komplexe Ziel „sich selbstständig machen“ besser greifen zu können und sich für wichtige Details zu sensibilisieren.
Im Anhang finden Sie Web- und Literatur-Tipps zum Thema.
Weiter gibt es viele kostenfreie oder -günstige Kursangebote, die sich mit Finanzierungsfragen, dem Erstellen eines Businessplans, sinnvoller Absicherung für Selbstständige, Verwaltung, Personal, Verkauf und Marketing beschäftigen. Fragen Sie in Existenzgründungsbüros oder bei Ihrer örtlichen IHK nach. Dort berät man Sie in der Regel auch individuell und gibt Ihnen Rückmeldung zu Ihrem Geschäftsplan.

!

Fragen Sie Leute, die bereits selbstständig sind, was sie sich anders vorgestellt haben – und was sie im Rückblick anders machen würden.

→ *Werden Sie sich klar über Ihr Angebot und konkretisieren Sie es!*
Sie wissen in etwa, in welchen Bereich Sie gehen möchten, doch was heißt das konkret? Angenommen Sie sind ein alter Hase im Vertrieb und möchten sich als Verkaufstrainer selbstständig machen – wie sähe Ihr Angebot genau aus? Sind Ihre Trainings auf bestimmte Branchen und/oder Mitarbeiterebenen beschränkt? Um welche Art von Verkaufstrainings geht es: persönlicher Verkauf, Intensivierung bestehender Kundenbeziehungen, Kaltakquise am Telefon etc.? Welcher Art wären Ihre Trainingsmethoden: Präsenzkurse, Online-Workshops? Gäbe es auch Einzelcoachings? Wie lange jeweils, zu welchem Preis?

Von der Grob- zur Feinplanung

In diesem Stadium ist alles noch eine erste Grobplanung. Sie werden dadurch jedoch bereits etwas sicherer, womit Sie es genau zu tun haben und worauf Sie achten müssen. Hier einige Fragen, die Ihnen weiterhelfen, konkreter zu werden und eine erste Basis für Ihre Planung zu schaffen:

→ Welche Leistungen/welche Produkte möchten Sie anbieten?

→ Wo sehen Sie Ihren Markt/Wer ist Ihre Zielgruppe? Je nach Angebot ergeben sich unterschiedliche Zielgruppen – schlüsseln Sie diese separat auf.

→ Welche Vertriebswege planen Sie?

→ Wie ist Ihre erste grobe Vorstellung von den Preisen? (Je nachdem, wie komplex Ihr Angebot ist, können Sie in diesem ersten Planungsstadium hier schon etwas sagen. Möglicherweise ist es besser, Preise für die Detailplanung aufzuschieben.)

- → Warum sollte jemand gerade bei Ihnen kaufen? Was hebt Sie heraus? Wie grenzen Sie sich von anderen Anbietern ab?

→ *Die Detailplanung/der Businessplan*
Wenn Sie sich anhand von Literatur beziehungsweise in Kursen näher informiert haben, machen Sie sich auf jeden Fall erst einmal eine Checkliste, was Sie alles tun möchten und müssen. Gliedern Sie die Liste am besten nach Themen und arbeiten Sie sich in die Details vor:

- → Rechtliche Aspekte
- → Finanzen
- → Verwaltung
- → Anschaffungen/Investitionen
- → Marketing/Verkauf
- → Produktion (wenn relevant)

Prüfen Sie auch, ob und in welcher Form es Fördermittel gibt, und wie es gegebenenfalls mit Unterstützung seitens der Agentur der Arbeit aussieht.

Gefördert heißt nicht geschenkt

Ideal ist es, wenn Sie einen detaillierten Businessplan aufstellen. Sofern Sie finanzielle Unterstützung brauchen, ist der Businessplan ohnehin wichtig, um Geldgeber zu überzeugen. Aber auch für Sie selbst lohnt sich ein detaillierter Geschäftsplan, weil Sie umfassend planen, Ihnen nicht so schnell etwas Wichtiges entgehen kann und Sie vor allen Dingen von vornherein sehen können, ob sich Ihre Selbstständigkeit in der geplanten Form überhaupt lohnt.

Es gibt Gründer-Wettbewerbe (Internetadressen im Anhang). Bei diesen können Sie nicht nur mitmachen, um zu gewinnen – es lohnt sich, sich dort die Unterlagen zu bestellen und anhand des mitgelieferten Handbuches und eventueller Software Ihren Businessplan aufzustellen.

→ *Machen Sie einen Zeitplan*

Schritt für Schritt und im Zeitplan

Momentan spielen Sie mit dem Gedanken, sich selbstständig zu machen. Wenn Sie sicher sind, dass die Existenzgründung der richtige Weg für Sie ist, dann tun Sie sich den Gefallen und erstellen Sie einen realistischen Zeitplan: Wann möchten Sie mit der Selbstständigkeit starten? Je nachdem, wie viel Sie an Vorbereitung und möglicherweise für eine zusätzliche Ausbildung brauchen, wie Ihre finanzielle Situation ist, kann diese Zeitplanung etwas weiter in die Zukunft gehen.

Nehmen Sie sich nicht zu schnell zu viel vor! Im Normalfall sind Sie derzeit ja auch berufstätig und haben viel um die Ohren.

Freuen Sie sich über kleine Fortschritte in Ihrer Planung und lassen Sie Vorstellungen und Ideen auch reifen.

→ *Zusätzliche Unterstützung*

Sie müssen nicht alles alleine machen. Schon während der Vorbereitungsphase ist es hilfreich, sich mit anderen auszutauschen: Haben Sie bereits Kontakte, die Ihnen dabei helfen können, Ihren Traum von der Selbstständigkeit zu realisieren? Vielleicht möchten Sie sich mit anderen Existenzgründern zusammentun?

Netzwerken heißt geben und nehmen.

Auch für später sollten Sie sich gute Kontakte aufbauen – ein Netzwerk, bei dem ein ausgewogenes Geben und Nehmen herrscht, ist eine wunderbare Sache.

Denken Sie daran, dass Sie sich auch einen Coach nehmen können: Zwar hat man gerade am Anfang meist noch kein

Geld für externe Leistungen übrig, in vielen Fällen lohnt sich aber die rechtzeitige Investition in externes Know-how. Es geht ja hier nicht um dicke und langwierige Beratungsverträge, sondern um Bereiche, in denen Sie sich noch nicht auskennen oder die einfach nicht zu Ihren Kernkompetenzen gehören.

Natürlich ist es eine gute Sache, wenn Sie vieles selbst erledigen können oder Bekannte haben, die Ihnen Dinge abnehmen, zum Beispiel eine Website realisieren oder die Buchhaltung machen. Das kann jedoch auch nach hinten losgehen: nur günstig oder gar kostenlos darf kein Maßstab sein – auch wenn das als Start-up natürlich erst mal reizvoll und durchaus ein Argument ist.

Tätigkeiten, bei denen Sie von Ihrer Kernkompetenz abgelenkt werden und die Zeit kosten, welche Sie sinnvoller einsetzen können, kommen Sie unter dem Strich teurer. Und auch bei selbst gebastelten Werbemitteln, die nicht die richtige Wirkung haben – oder möglicherweise sogar kontraproduktiv sind – zahlen Sie drauf. Bitte verstehen Sie uns richtig: Damit ist nicht gemeint, dass alles, was Sie selbst machen oder ein Freund für Sie erledigt, nichts taugt. Wir möchten Sie nur dafür sensibilisieren, dass Sie sorgsam und kritisch sind und gegebenenfalls auf professionelle Unterstützung zurückgreifen.

!

Bitte achten immer auch auf sich selbst!
Fangen Sie nicht an, sich selbst auszubeuten – planen Sie von Anfang an Zeiten für sich, für Ihr Privatleben ein. Achten Sie auf einigermaßen geregelte Arbeitszeiten. Egal, was Sie von anderen hören: Es ist nicht nur erlaubt und machbar, dass man sich als Selbstständiger Zeit für sich nimmt, sondern es ist auch ein wichtiger Erfolgsfak-

tor. Wer sich gnadenlos auspowert, wird nicht nur in wenigen Jahren ausbrennen und keinen Spaß mehr am (Berufs-)Leben haben – sondern er strahlt das Überarbeitet-Sein auch aus.

Achten Sie auf sich und Ihre Lebensqualität!

Menschen, die sich überfordern, sind gereizter, das Fehlerrisiko steigt – sie fühlen sich wie in einem Hamsterrad, werden unzufrieden und sind weniger produktiv. Denken Sie immer daran: Sie haben sich selbstständig gemacht, weil es Ihr Traum war. Dann leben Sie diesen Traum auch so, dass er Ihnen so gut tut wie seinerzeit die Vorstellung davon. Er soll ja nicht zum Alptraum werden!

Fazit

Sie sehen, Sie haben sehr viele Möglichkeiten, einen ganz neuen Weg einzuschlagen: ob Sie in einen neuen Beruf einsteigen, die Branche wechseln möchten oder sogar den Weg in die Selbstständigkeit planen.
Das A und O für ein gutes Gelingen sind folgende Punkte:

➔ *Sie sind sich Ihrer Motivation sicher.*
Das Klarwerden über Ihre Motivation hilf Ihnen dabei, bereits im Vorfeld zu erkennen, ob der geplante Weg der richtige ist oder ob Kurskorrekturen nötig sind.

➔ *Sie informieren sich sorgfältig über das angestrebte Ziel.*
Welche Anforderungen gibt es? Welche Vor- und Nachteile birgt Ihr Vorhaben? Nutzen Sie die zahlreichen Informationsangebote und Kurse.

➔ *Sie hinterfragen Ihre Kenntnisse und Fähigkeiten.*
Gleichen Sie die Anforderungen mit Ihren bestehenden Kenntnissen/Fähigkeiten ab. Was bringen Sie bereits mit, wo können Sie sich verbessern? Welche Schritte sind nötig, um etwaige Defizite auszugleichen?

→ *Überprüfen Sie Ihre Ziele immer wieder.*
Halten Sie nicht an Zielen fest, die nicht mehr aktuell sind. Manchmal verblassen Ziele oder sie verändern sich. Prüfen Sie – auch wenn Sie mitten im Realisieren sind –, ob Ihre Ziele noch aktuell sind. Wenn sich ein Ziel als nicht mehr wichtig für Sie herausstellt, dann seien Sie selbstbewusst genug, es fallen zu lassen oder in veränderter Form weiterzuverfolgen.

→ *Machen Sie einen Zeitplan.*
Es hilft, wenn Sie einen konkreten Plan machen, was Sie bis wann erledigen möchten. Ganz am Ende steht Ihr angestrebtes Ziel mit einem fixen Datum, zu dem Sie dieses erreicht haben wollen. Vom jetzigen Zeitpunkt bis zu diesem Wunschdatum setzen Sie sich Zwischenziele für Informationsbeschaffung, Ausbildung, Bewerbung etc.

→ *Action!*
Ein Traum wird nur Wirklichkeit, wenn man dann auch etwas tut. Sich konkrete Gedanken und Pläne zu machen ist buchstäblich die halbe Miete und Sie werden durch diese sorgfältige Vorbereitung auch schneller zum Ziel kommen. Doch nur auf dem Papier und in Gedanken tut sich noch nicht so viel: Ohne „Action" erreichen Sie Ihr Ziel nie.
Also krempeln Sie in eigener Sache die Ärmel hoch, werden Sie aktiv. Nehmen Sie sich nicht zu viel auf einmal vor... Bereits kleine Schritte, wie einen Anruf zu erledigen, Informationen einzuholen etc., bringen Sie Ihrem Ziel näher.

Wir wünschen Ihnen viel Erfolg!

Viele Wege führen zum Traumjob

Sie haben konkrete Vorstellungen, was Sie tun möchten – aber wie kommen Sie denn nun an Ihren Traumjob? Oft steht man erst mal ratlos da; dabei haben Sie zahlreiche, viel versprechende Möglichkeiten zur Verfügung. Diese können Sie außerdem sinnvoll kombinieren, um noch schneller ans Ziel zu kommen.
Wir stellen Ihnen die wichtigsten Wege kurz vor und geben Ihnen ganz praktische Tipps, wie Sie diese optimal nutzen können und was es zu beachten gibt. Im Anhang erhalten Sie weitere ausführliche Hinweise in Form von Internetadressen und Literaturtipps.

Aktiv schneller zum Ziel

Auf der Hand liegt: Je aktiver Sie in eigener Sache sind, desto näher rückt der Erfolg. Unabhängig vom Studieren von Stellenausschreibungen können Sie viel von sich aus in Gang setzen, und zwar durch:

- ➔ Mundpropaganda
- ➔ Praktika/Probearbeit
- ➔ Initiativbewerbung
- ➔ Ihr Stellengesuch in der Zeitung
- ➔ Ihr Profil in einer virtuellen Jobbörse
- ➔ Aktivität auf Messen

Mundpropaganda

Sagen Sie der Welt, dass Sie zu haben sind!

Einer der wirksamsten Wege und gleichzeitig der, wo die meisten Chancen vergeben werden, ist die Mundpropaganda: Damit ist gemeint, dass Sie in Ihrem Umfeld aktiv verbreiten, dass Sie sich verändern möchten, und vor allen Dingen ganz konkret sagen, was Sie suchen. Erzählen Sie es Freunden, der Familie, Bekannten, erzählen Sie es beim Bäcker … Jeder von uns kommt ständig mit anderen Menschen in Berührung oder ins Gespräch. Man hört etwas, liest etwas. Und nur wenn man in dem Moment auch weiß, dass und vor allen Dingen was jemand anderer sucht, zählen wir zwei und zwei zusammen.

Eine Officemanagerin aus München erzählte der Inhaberin eines Blumengeschäftes, in dem sie öfter einkauft, dass sie einen neuen Job sucht. Es stellte sich heraus, dass deren Bruder momentan eine entsprechende Stelle frei hat. Wenige Wochen später unterzeichnete sie den Vertrag.

Denken Sie daran, dass sich Ihr Umfeld in der Regel nichts unter einer bloßen Berufsbezeichnung vorstellen kann. Und es ist auch wichtig – und in Ihrem Sinne –, ein paar Details darüber zu verlieren, worauf Sie bei Ihrer neuen Stelle Wert legen. Sie möchten ja nicht „irgendwas" Neues, sondern idealerweise Ihren Traumjob finden.

Den Traumjob auf den Punkt bringen

Können Sie Ihren Beruf in einem Satz erklären, sodass sich jeder etwas darunter vorstellen kann? Überlegen Sie sich auch, wie Sie Ihre Wunschtätigkeit in einem Satz zusammenfassen können. Dieses Auf-den-Punkt-Bringen ist gar nicht so einfach, denn häufig hat man nur ungefähre Vorstellungen. Durch die Vorarbeit, die Sie in den ersten Kapiteln bereits geleistet haben, fällt Ihnen diese Zusammenfassung sicher leichter, denn Sie wissen schon, worauf es Ihnen ankommt.

Erzählen Sie den Menschen um sich herum nicht nur, dass und was Sie suchen. Sondern bitten Sie sie darum, sich zu melden, wenn sie etwas hören, oder an Sie zu denken, wenn Ihnen etwas auffällt.

Umgekehrt gilt natürlich auch: Wenn Sie von einem Bekannten hören, dass er sich verändern möchte, haken Sie doch nach: Wie? Wo? Was? Damit können auch Sie sich aktiver umhören und anderen eher weiterhelfen.
Zwei Bekannte von mir haben ihre derzeitige Position deshalb gefunden, weil sie ganz konkret erzählt hatten, was sie suchten. Dadurch fielen mir beim privaten Surfen im Internet passende Stellenausschreibungen auf, die ich weiterleitete. Sie fanden diese interessant und bewarben sich erfolgreich.
Nutzen Sie so viele zusätzliche Augen und Ohren wie möglich, um an Ihren Traumjob zu gelangen.

Praktika/Probearbeit

Gute Möglichkeiten, einen Fuß in die Tür zu bekommen, sind ein Praktikum oder die Probearbeit. Ganz klar: In der Regel bedeutet das, über einen gewissen Zeitraum für wenig oder möglicherweise gar kein Geld tätig zu werden.
Bevor Sie sich für diese Variante entscheiden, ist es deshalb sehr wichtig, dass Sie sich über Ihre finanzielle Situation klar sind: Was können Sie sich leisten und für wie lange?

Praxis durch Praktikum

Viele Arbeitgeber sind über ein Praktikum gerne bereit, einem viel versprechenden Kandidaten – auch Quereinsteiger – eine Chance zu geben. Sie sehen so ohne großes finanzielles Risiko, wie sich die Person in der täglichen Praxis gibt und „anstellt“. Und für den Bewerber ist es vorteilhaft, weil er einen unmittelbaren Einblick in den von ihm angestrebten Beruf erhält und Praxiserfahrung sammelt, was, selbst wenn das Praktikum nicht in eine feste Anstellung mündet, bei weiteren Bewerbungen hilft – oder auch dazu führt, dass man den Traumjob plötzlich mit anderen Augen sieht. Das heißt nicht, dass dieser plötzlich weniger erstrebenswert sein muss. Es bedeutet nur, dass die Praxis einfach mehr bringt als die bloße Vorstellung.

!

Wenn Sie sich für ein Praktikum entscheiden, überlegen Sie sich vorher gut, was Sie sich davon versprechen. Sofern Sie nur dann bereit sind, in ein Praktikum oder in Probearbeit zu investieren, wenn die Möglichkeit besteht, dass das Unternehmen Sie auch übernimmt, müssen Sie das vorher klären. Es gibt Firmen, die Praktikanten nur als billige Zeitarbeiter sehen.

Stimmen Sie Ihre Erwartungen vorher ab!

Außerdem ist es natürlich wichtig, sich vorher mit der Firma darüber zu verständigen, welches Ihre Aufgaben sein werden. Wenn Sie nur zum Brotzeitholen und Kopieren eingesetzt würden, also für Hilfstätigkeiten, die Ihnen keinerlei Einblick in den Beruf und die Branche geben, dann bringt Ihnen das Praktikum nichts.

Bitte seien Sie aber auch realistisch: Als Praktikant und für einen meist kurzen Zeitraum ist es klar, dass Sie im Normalfall keine eigenen Projekte erhalten. Unterstützende Tätigkeiten sind hervorragend, wenn sie Ihnen direkte Einblicke und Erfahrungen gewähren und wenn man Ihnen auch die Zusammenhänge erklärt.

Die Initiativbewerbung

Früher nannte man sie Blindbewerbung, heute ist „Initiativbewerbung" gebräuchlicher. Diese Bezeichnung ist in vielerlei Hinsicht treffender: zum einen, weil ein Bewerber aktiv auf ein Unternehmen zugeht – also die Initiative ergreift –, und zweitens sollte eine Bewerbung niemals „blind" vonstatten gehen. Auch wenn man nicht weiß, ob das Unternehmen, bei dem man sich bewirbt, tatsächlich eine freie Stelle hat, so wählt man es doch sehr sorgfältig aus. Zumindest sollte das so sein.

Die Gründe, sich gezielt an eine Firma zu wenden, sind vielfältig: Branche, Unternehmensgröße, Internationalität, Standort. Oder Sie sind von einem bestimmten Unternehmen, einem Produkt oder einer Dienstleistung besonders begeistert.

> Die Frage „Warum ausgerechnet wir?" interessiert das Unternehmen, das Ihre Initiativbewerbung erhält. Und die Antwort kann sich durchaus positiv auf Ihre Bewerbung auswirken. Beantworten Sie sie idealerweise bereits in Ihrem Anschreiben. Auf jeden Fall sollten Sie eine Antwort auf diese Frage haben, wenn Sie zu einem Interview eingeladen werden. Seien Sie möglichst konkret in Ihren Aussagen. Machen Sie Ihr besonderes Interesse für das Unternehmen deutlich. Natürlich geht es hier nicht darum, etwas zu erfinden, um gut dazustehen! Seien Sie immer authentisch und geben Sie nichts vor, das nicht zutrifft.

Warum gerade dieses Unternehmen?

Individuell und konkret bewerben

Auch eine Initiativbewerbung muss konkret verfasst sein.

> Hüten Sie sich davor, Ihrer Bewerbung den Touch von „Ich suche irgendeinen Job in Ihrem Unternehmen, egal was" zu verleihen.

Konkret sagen, was Sie suchen!

Geben Sie bereits auf dem Deckblatt beziehungsweise im Betreff des Anschreibens konkret an, welche Tätigkeit Sie anstreben. Es muss sich hierbei nicht um eine bestimmte Berufsbezeichnung handeln; allerdings muss der Empfänger auf den ersten Blick einordnen können, für welche Art von Tätigkeit/Unternehmensbereich Sie sich bewerben.
Es sollte selbstverständlich sein, dass Sie sich genauer über die betreffende Firma informieren. Das Internet ist dabei eine große Hilfe.

Erfragen Sie Vor- und Zunamen des richtigen Ansprechpartners und richten Sie Ihre Bewerbung direkt an ihn.

In der Regel erfolgt eine Initiativbewerbung schriftlich. Dies kann in Form einer kompletten Bewerbung oder einer Kurzbewerbung sein. Die Kurzbewerbung enthält üblicherweise ein Anschreiben, einen Lebenslauf (mit Lichtbild) und eventuell ein Tätigkeitsprofil, aus dem relevante Highlights Ihrer bisherigen beruflichen Karriere hervorgehen.

Ein sympathischer Anruf ist auch zu empfehlen.

Per E-Mail sollten Sie sich nur bewerben, wenn Sie wissen, dass die Firma den elektronischen Weg begrüßt (Blick auf deren Internetseite oder telefonische Nachfrage). Bleibt noch die Frage, wie es mit einer telefonischen Bewerbung aussieht. Ein Anruf ist dann zu empfehlen, wenn Sie gut und sicher telefonieren können und sich mit dem Gedanken, unter Umständen ein spontanes Interview zu führen, wohl fühlen. Außerdem sollten Sie auch wirklich etwas zu sagen haben beziehungsweise konkrete Fragen stellen.

Rufen Sie niemals ein Unternehmen an, um zu fragen, „ob es überhaupt Sinn macht, sich zu bewerben“: Das wirkt, als ob Sie die „Mühe“ einer Bewerbung scheuen, und sorgt für einen schlechten Einstieg.

Ihr Stellengesuch in der Zeitung

Ein Inserat zeigt Initiative.

Gerade kleine und mittlere Unternehmen suchen auch aktiv nach neuen Mitarbeitern. Man spart sich das Geld einer Anzeigenschaltung und reduziert die Bewerberverwaltung. Je nach Spezialisierung oder Lage einer Firma kann es auch sein, dass sich auf eine Ausschreibung zu wenig qualifizierte Bewerber gemeldet haben.

Besonders das eigene Gesuch in Fachzeitschriften lohnt sich:

- → Fachpublikationen werden häufig sehr aufmerksam gelesen.
- → Sie erreichen genau Ihre Zielgruppe.
- → Die Stellengesuche sind überschaubarer: Ihr Gesuch wird daher eher beachtet.
- → Das Gesuch in einer Fachpublikation ist durch niedrigere Auflagen kostengünstiger als beispielsweise in einer überregionalen Zeitung.

Bevor es ans Entwerfen einer Stellenanzeige geht, ist es wichtig, sich darüber klar zu werden, was man eigentlich sucht und auch, worauf man Wert legt. Zum einen beeinflusst das unter Umständen das Medium, in dem Sie Ihr Gesuch schalten möchten, zum anderen hat man in der Regel wenig Platz zur Verfügung.

Sichten Sie Ihre bisherigen Gedanken zur Neuorientierung und schreiben Sie sich die wichtigsten Punkte auf einen separaten „Wunschzettel“:

- → Wie soll die Position/Tätigkeit genau aussehen?
- → Was ist Ihnen an „Drumherum“ (Arbeitsplatz, Kollegen, Konditionen ...) wichtig?
- → Was ist das Wichtigste, das Sie über sich sagen möchten?

Schreiben Sie einen Wunschzettel!

Aus diesem Fundus können Sie sich nun für Ihr Gesuch die wichtigsten Punkte herausgreifen.
Schreiben Sie erst mal nur Stichpunkte auf. Machen Sie sich in diesem Stadium noch nicht Gedanken darüber, was letztlich in Ihren Text einfließen soll, welche Wörter Sie benutzen möchten oder wie Sie das Ganze formulieren.

!

Interesse wecken: Wo, wie und was

Die wichtigsten Grundlagen für ein erfolgreiches Stellengesuch sind:

Zeigen Sie, dass Sie ein interessanter Kandidat sind!

- → Das Gesuch muss im richtigen Medium erscheinen, also dort, wo es wahrscheinlich ist, dass Ihre „Zielgruppe" es auch liest.
- → Es muss auffallen: Wenn es niemand bemerkt, kann sich auch niemand melden.
- → Es muss Interesse für Ihre Person wecken. Nur wenn der Leser das Gefühl hat, dass Sie ein viel versprechender Kandidat sind, wird er Sie kontaktieren.

Das Wie: Auffallen!

Fallen Sie auf!

Es ist nicht nur eine Frage der Größe, ob Ihr Inserat auffällt. Doch natürlich ist die Größe ein Aspekt, den es zu bedenken gilt. Sparen Sie nicht am falschen Ende: Ein Zweizeiler voller Abkürzungen geht nicht nur leicht unter, sondern ist auch nicht geeignet, neugierig auf den Bewerber zu machen.

Sehen Sie sich den Stellenmarkt, in dem Sie Ihr Gesuch platzieren möchten, genauer an:

- → Wie sieht die aufgeschlagene Doppelseite im Überblick aus?
- → Welche Anzeigen fallen Ihnen ins Auge? Nehmen Sie anschließend die Preisliste zur Hand und sehen Sie sich die verschiedenen Möglichkeiten an:
- → Wie viel kostet der Anzeigenplatz?
- → Welche Gestaltungsmöglichkeiten werden angeboten (zum Beispiel Randanzeige = mit Rahmen drumherum)?
- → Eventuell möchten Sie eine selbst gestaltete Vorlage liefern. Klären Sie mit der Anzeigenabteilung ab, welcher Art die Druckvorlage sein müsste (Dateiformat, Laserausdruck, Druckfilm).

Auf jeden Fall möchten wir Ihnen zu einer auffallenden Überschrift raten, die als Eyecatcher dient und neugierig macht.

Hier sehen Sie ein paar Beispiele für Stellengesuche – es handelt sich um so erschienene Texte, nur das Layout wurde von uns neu gestaltet, um Ihnen verschiedene Varianten zu zeigen.

① VERTRIEBSPROFI, 29 Jahre, sucht neue Herausforderung als Gebietsleiter/Gebietsrepräsentant für das Gebiet Südbayern. Durch die langjährige Vertretung eines marktführenden Unternehmens verfüge ich über eine hervorragende Vertriebserfahrung im Umfeld erklärungsbedürftiger und emotionaler Markenartikel. Die Akquisition, Betreuung und Beratung anspruchsvoller Kunden gehören seit Jahren zu meinem Hauptaufgabenfeld. Zuschriften bitte unter

② Kompetente, auslandserf., ideenreiche u. repräs. Fachfrau su. neue Außendienstposition im Verkauf, Vermittlung, Beratung od. PR in München. Konzept- und strategiesicher, bevorz. Branchen: Immobilien, Werbung, Medien. Kontaktdaten

③ ORGANISATION UND BERATUNG
Ehem. Manager mit langj. Erf. sucht zum Wiedereinst. profit. Aufgabe spez. Finanzen, Immob. Chiffre 1234567

④ JUNG, DYNAMISCH, ERFOLGREICH
sucht neue Herausforderung ...

... in Unternehmen jeglicher Art
... für Kunden- u. Mitarbeiterakquise
... für Vertrieb u. Management
... für Firmen Auf- u. Ausbau
Angebote unter

⑤ **EDV-Vertrieb in PLZ 4 + 5!**
Vertriebsprofi baut effektiv Ihren Umsatz aus.
Kontakt unter

(1) Diese Anzeige fällt alleine durch ihre Größe auf. Der Text ist aussagekräftig. Der Bewerber lässt zwar völlig offen, für welche Branche er sich interessiert, betont jedoch mehrmals seine Kenntnisse und Erfahrung. Aus der Art der Formulierung geht hervor, dass er selbstbewusst ist und Ansprüche stellt.

(2) Diese Inserentin sagt am meisten von allen über sich selbst. In wenigen, aber sehr „starken" Worten bringt sie alles unter: eine facettenreiche Beschreibung von sich

selbst, was sie bereits gemacht hat (sucht „neue" Außendienstposition), die von ihr angestrebten Bereiche und Branchen.

(3) Was bei diesem Bewerber am meisten ins Auge sticht, ist, dass es ihm schwerpunktmäßig ums Geld geht. Zwar erfährt man, wo der Inserent tätig sein möchte und dass er ehemals und lange Jahre Manager war. Jedoch bleiben große Fragezeichen: Wieso ehemals? Wieso Wiedereinstieg? Die Formulierung dieser Anzeige wirft nur Fragen auf und hinterlässt einen seltsamen Eindruck, erst recht, da der Bewerber offenbar wieder auf Managementebene tätig sein möchte. Wenn er also eine Führungsposition anstrebt, sollte er sich für eine aussagekräftigere und auffälligere Anzeige entscheiden.

(4) Diese Anzeige lässt alles offen. Da behauptet jemand von sich, erfolgreich zu sein, und bewirbt sich bei „Unternehmen jeglicher Art" und für sehr weite Geschäftsbereiche. Es wirkt undifferenziert („Ich suche Arbeit, irgendwas") und riecht nach Selbstüberschätzung („egal was es ist, ich bin ja dynamisch"). Das „jung" macht das Ganze in diesem Kontext noch unglaubwürdiger. Gut ist die Randanzeige, die Aufteilung fällt auf. Schade, dass der Inserent den Platz nicht für einen aussagekräftigen und überzeugenden Text nützt.

(5) Diese Anzeige fällt vom Layout her komplett aus dem Rahmen – und sie fällt auf. Schlagen Sie mal den Stellenmarkt auf: Aus der Flut der Anzeigen fallen alle auf, die ein anderes Layout haben. Das ist ein Hingucker. Obwohl der Text sehr minimalistisch ausfällt, gibt er viele Informationen: Die Branche und die Position sind klar, das Gebiet ist eindeutig – und das selbstbewusste „Vertriebsprofi baut effektiv Ihren Umsatz aus" sagt nicht nur, dass es hier um einen Vertriebler geht, sondern dass dieser Inserent von sich überzeugt ist.

Wer mit solchen Texten für sich wirbt, muss sich allerdings

auch dessen bewusst sein, dass er entsprechende Erwartungen schürt. Hier wird bereits in der Anzeige ein Versprechen gegeben: „Ich baue effektiv Ihren Umsatz aus." Wunderbar. Dann muss es aber auch klappen.

Kurz, knackig und aussagekräftig

Viel sagen geht auch mit wenig Worten.

Oberflächlich betrachtet hat man bei einer kleinen Anzeige gar nicht die Möglichkeit, besonders viel zu sagen. Entsprechend sind viele Gesuche nach dem gleichen, leider nichts sagenden Muster gestrickt: „Sekr., 40, in ungek. Stellung, sucht neue Herausforderung. Kenntnisse in MS-Office vorhanden."

!

Ein Stellengesuch gut zu formulieren heißt:
- → konkret statt allgemein zu formulieren;
- → Inhalte zu bringen statt nichts sagender Füllwörter;
- → interessant zu sein für den Leser, nicht nur fordernd.

Sehen wir uns diese wichtigen Aspekte etwas genauer an.

Konkret statt allgemein

Konkret statt Gießkannen-Prinzip

In der Hoffnung, möglichst viele potenzielle Arbeitgeber anzusprechen, wird viel zu allgemein formuliert. Doch das ist kontraproduktiv, denn zum einen kann ein Unternehmen Sie vielleicht keiner vakanten Stelle zuordnen, weil Sie zu allgemein „daherkommen", zum anderen wirken Sie schnell unglaubwürdig.

Beispiel:
Suche neue Position in Vertrieb, Sekretariat, Controlling oder Einkauf.

Was denn nun?

Wenn Sie sich klar geworden sind, was Sie konkret suchen, dann passiert es Ihnen nicht, dass Sie sich derart breit gefächert präsentieren. Es mag sein, dass Sie in all diesen Bereichen Erfahrungen gesammelt haben. Denken Sie jedoch daran: Der Leser hat keine Detailinformationen über Sie. Er kennt weder Ihren bisherigen Werdegang noch Sie persönlich. Wer also wie ein Bauchladen erscheint, erweckt keinen besonders vertrauenswürdigen Eindruck. Versuchen Sie nicht, mit Ihrem Gesuch alle Firmen der Welt anzusprechen. Das funktioniert nicht. Und es ist auch gar nicht nötig: Sie suchen nur eine einzige Position, und zwar möglichst die, die Ihren Vorstellungen am nächsten kommt. Sie brauchen nicht Dutzende von Reaktionen. Wenn sich nur eine Firma meldet – und Ihnen die richtige Stelle anbietet, war Ihre Suche ein voller Erfolg!

!

Beim Stichwort „konkret" ist auch die Wortwahl wichtig: Vermeiden Sie inflationär genutzte Schlagwörter wie „flexibel", „kommunikativ" und wie sie alle heißen. Finden Sie treffende Eigenschaftswörter, die aus dem üblichen Einerlei hervorstechen.

Stechen Sie aus dem Einerlei hervor.

Inhalte statt nichts sagender Füllwörter

Anhand eines Beispiels aus der Praxis möchten wir diesen Punkt verdeutlichen.

Sekretärin, xx Jahre, in ungekündigter Stellung, selbstständiges Arbeiten in einem großen Team gewöhnt. Organisationstalent, engagiert, zuverlässig mit guten Kenntnissen in MS-Office, sucht neuen, interessanten Wirkungskreis.

Die Bewerberin hatte keine besonderen Wünsche an die Position und Branche. Wichtig war ihr, eine anspruchsvolle Aufgabe als „rechte Hand vom Chef“ zu übernehmen und nicht nur „irgendeine Sekretärin“ zu sein. In ihrer derzeitigen Stelle fühlte sie sich unterfordert und war unzufrieden. Außerdem war ihr ein „aufgeschlossenes Team“ wichtig.
Unter Berücksichtigung dieser Kriterien und des begrenzten Platzes der geplanten Kleinanzeige ist folgender alternativer Vorschlag entstanden. Beispiele für Überschrift:

- ➔ Versierte rechte Hand vom Chef.
- ➔ Eine Assistentin, die anpackt.
- ➔ Selbstständige Sekretärin sucht fordernden Chef.
- ➔ Engagierte „rechte Hand“ sucht anspruchsvolle Tätigkeit.

Engagierte Chefsekretärin (Alter), praxiserprobt, sucht interessante Aufgabe in aufgeschlossenem Team. Selbstverständlich versiert in MS-Office.

Vergleichen Sie die beiden Texte einmal Wort für Wort: Sie sehen, dass in der zweiten Variante mehr Leben im Text ist. Es ist zielstrebiger ausgedrückt, was die Bewerberin sucht; die ihr wichtigen Punkte sind hervorgehoben.

Inhalts„schwere“ Wörter nutzen

Alleine das Wort „praxiserprobt“ sagt viel mehr aus und wirkt pro-aktiver, als es „zuverlässig & Co.“ tun. Die Überschrift ist jeweils sehr lebendig und „stark“ in der Aussage und fungiert als Eyecatcher.
Jede nicht wirklich relevante Information ist weggelassen, um den begrenzten Platz optimal zu nutzen.
Die Bewerberin gewinnt in diesen kurzen Sätzen wesentlich mehr Profil.

Interessant für den Leser, nicht nur fordernd

Statt etwas über sich zu verraten, beschreibende Worte zu nutzen, durch die der anonyme Bewerber ein Profil erhält,

Fordern Sie nicht nur – bieten Sie auch etwas!

wird leider in vielen Gesuchen nur gefordert: Ich suche, ich will, ich lege Wert darauf ... Wer nur fordert, wird schwerlich Interesse wecken, nicht nur, weil es nicht gut ankommt, sondern vor allen Dingen, weil man sich nichts unter dem Bewerber vorstellen kann: Die Person bleibt zu schemenhaft, um wirklich interessant zu wirken, oder ist gar nicht vorhanden.
Natürlich: In manchen Berufen oder Regionen herrscht großer Bewerbermangel. Deshalb kann es durchaus sein, dass auch das nichtssagendste Gesuch Resonanz erhält. Doch ist das Ihr Standard? Kontaktiert zu werden, weil „die jeden kontaktieren müssen“?

Formulieren Sie so, wie Sie auch sprechen. Sehr häufig sieht man Sätze wie: „Suche neue Herausforderung“ (Wieso denn Herausforderung? Sie beherrschen wohl nicht, wofür Sie sich bewerben!) oder „Suche neuen Wirkungskreis“. Lesen Sie Ihren Anzeigentext einfach auch einmal laut. Wenn es sich unnatürlich, geschäftsmäßig oder gar albern anhört, dann besser noch einmal überarbeiten.

Machen Sie es den Unternehmen leicht, Kontakt mit Ihnen aufzunehmen.

Ob Sie Ihre Telefonnummer angeben möchten oder lieber eine Chiffre-Anzeige aufgeben, ist Ihre Sache. Natürlich ist es wichtig, es dem Unternehmen so leicht wie möglich zu machen, Kontakt mit Ihnen aufzunehmen. So gesehen ist die Telefonnummer der unkomplizierteste Weg.
Geben Sie nur dann eine Handynummer an, wenn Sie sicher sind, dass Sie im Falle eines Anrufs konzentriert sprechen können. Im Zweifelsfall lieber auf den Anrufbeantworter verlassen (bitte ordentlich besprechen!) und zurückrufen.

Sie fürchten, dass Ihr derzeitiger Arbeitgeber Ihr Gesuch liest? – Dann besser mit Chiffre!

Wenn Sie befürchten, dass Ihre Bewerbung von jemandem aus Ihrer derzeitigen Firma gesehen werden könnte, geben Sie eine Chiffre-Anzeige auf: Ihr Inserat erscheint dann mit einem Zahlencode, Zuschriften gehen an den Verlag und werden Ihnen von dort aus zugeleitet.

Chiffre ist übrigens ganz normal – und ein interessiertes Unternehmen wird auch gerne schriftlich mit Ihnen Kontakt aufnehmen.

Die Resonanz

Es kann sein, dass sich auf Ihr Gesuch auch Personalvermittler oder Zeitarbeitsfirmen melden.
Ein Personalvermittler ist üblicherweise kostenfrei für den Bewerber; deshalb kann es durchaus viel versprechend sein, über eine Personalvermittlung zu gehen.

Lassen Sie sich etwas mehr über das Vermittlungsunternehmen erzählen: Welche Positionen werden in der Regel vermittelt? Welche Unternehmen gehören zu ihren Kunden? Fragen Sie ruhig auch nach Details zur Philosophie und Arbeitsweise der Vermittlerfirma. Wenn Sie einen guten Eindruck haben und auch die Kundenstruktur Ihren Vorstellungen entspricht, ist der Kontakt ein voller Erfolg für Ihr Gesuch.

Überlegen Sie sich auch, wie Sie auf Angebote von Zeitarbeitsfirmen reagieren möchten: Ist Zeitarbeit für Sie interessant oder nicht? Wenn nein: Sagen Sie freundlich ab. Details zu Personalvermittlern und Zeitarbeit finden Sie ab Seite 214.
Bei den Unternehmen, die Sie direkt kontaktieren, kann ich Ihnen nur raten: Finden Sie bereits am Telefon etwas mehr über die Firma und die vakante Position heraus. Es melden sich auf Stellengesuche immer mal „halbseidene Firmen“. Auf ein eigenes Gesuch, das ich vor Jahren aufgegeben hatte, meldete sich neben ein paar sehr guten Unternehmen eine Vielzahl von dubiosen Firmen – oder aber bekannte Unternehmen mit Aufgaben, die mich einfach nicht interessierten (zum Beispiel Strukturvertrieb).

Fragen Sie bereits beim telefonischen Erstkontakt gezielt nach.

Eine seriöse Firma gibt Ihnen gerne detaillierte Auskunft, um welches Unternehmen und welche Position genau es sich handelt. Wenn dies nicht der Fall ist: dankend ablehnen.
Sollten Sie von vornherein in Ihrem Anzeigentext erwähnen, dass Sie etwas nicht möchten, à la „keine Zeitarbeit" oder „nur seriöse Angebote"? – Nein, das können wir Ihnen nicht empfehlen. Es ist ganz natürlich, dass Sie auf Ihr Gesuch Angebote erhalten werden, die Sie nicht interessieren. Dann lehnen Sie sie freundlich ab.

!

Stellen Sie zeitgleich Ihre Bewerbungsunterlagen zusammen: Interessierte Unternehmen werden Sie um Ihre vollständigen Unterlagen bitten – auf elektronischem Weg oder per Post. Oder man möchte direkt einen Gesprächstermin vereinbaren, zu dem Sie Ihre Bewerbungsmappe mitbringen.

Ihr Profil in einer virtuellen Jobbörse

Ihr Stellengesuch im Internet ist üblicherweise kostenfrei.

Das eigene Gesuch im Internet hat den Vorteil, dass es Sie als Bewerber üblicherweise nichts kostet: Unternehmen bezahlen dafür, aktiv in Jobbörsen zu recherchieren und viel versprechende Kandidaten zu kontaktieren.
Es lohnt sich, bei der Stellensuche mehrgleisig zu fahren: Nutzen Sie also das Internet auch in Ergänzung zu sonstigen Maßnahmen.

Das Angebot an Stellenbörsen im Internet ist zahlreich: Neben vielen allgemeinen – überregionalen und regionalen – gibt es auch spezialisierte Online-Angebote, die sich an bestimmte Berufsgruppen/Branchen richten.

Bevor Sie sich wild überall eintragen, informieren Sie sich über die Qualität der Stellenbörse, indem Sie im Angebot stöbern. Gibt es viele Inserenten? Welcher Art ist die Kundenstruktur?

Internetzugang und E-Mail-Adresse

Wenn Sie sich in einer Internet-Jobbörse eintragen wollen, ist es wichtig, dass Sie die Möglichkeit haben, ins Internet zu gehen. Sie brauchen nicht unbedingt einen eigenen Anschluss: Freunde, Bibliotheken und auch zahlreiche Internet-Cafés machen es möglich, im Netz zu surfen und abzufragen, ob es bereits Resonanz auf Ihren Eintrag gibt.

Wichtig: Internetzugang und E-Mail-Adresse

Wichtig ist, dass Sie eine E-Mail-Adresse haben. Es gibt so genannte freemail-Anbieter (zum Beispiel yahoo.de, gmx.de): Dort kann man sich eine eigene E-Mail-Adresse einrichten und die E-Mails verwalten.
Achten Sie auf eine seriöse und einfache E-Mail-Adresse.

Das Profil selbst

Zu Inhalt und Formulierungen hilft Ihnen der Abschnitt „Ihr Stellengesuch in der Zeitung“ ab Seite 188. Besonderheiten für das Internet sind: In der Regel werden Ihr bisheriger Werdegang und Ihre Vorstellungen anhand fest definierter Felder in einem Formular erfasst. Außerdem besteht die Möglichkeit, die Überschrift und etwas zusätzlichen Text frei zu wählen.

Aussgekräftig und neugierig machend: die Headline

Einer der wichtigsten Punkte auch beim virtuellen Job-Profil ist eine ansprechende und informative Überschrift: Sie muss den Leser so neugierig machen, dass er Details sehen möchte und sich ausgerechnet Ihr Profil näher ansieht.

Statt „Suche neue Herausforderung“ schreibt eine Vertrieblerin beispielsweise ganz selbstbewusst „Ich steigere Ihren Umsatz“.

Lassen Sie sich nicht zu platten Werbesprüchen verleiten, also weder ein schrilles *„Unbedingt hier klicken!!!!“* noch ein „Sie brauchen mich“ – dieser Schuss ginge nach hinten los.

Seien Sie nicht frustriert, wenn Ihr Werdegang nicht genau in die vorgegebenen Felder passt. Und bekommen Sie vor allen Dingen keine Krise, wenn beim einen oder anderen Formular der Eindruck entsteht, dass nur makellose Super-Hochschulabsolventen gesucht werden.
Denken Sie daran: Eine allgemeine Datenbank mit auswählbaren Feldern muss bestimmte Vorgaben machen. Füllen Sie möglichst alle Felder (natürlich wahrheitsgemäß) aus. Sofern etwas überhaupt nicht zutrifft, lassen Sie das Feld ohne einen Eintrag.
Nutzen Sie vor allen Dingen den Freitext, um auf sich aufmerksam zu machen – und um über sich selbst, Ihre Ziele, was Sie können und was Sie suchen zu sprechen.

Drucken Sie sich die Suchmaske des Stellenmarktes aus, den Sie ausgewählt haben, und formulieren Sie offline in einem Textverarbeitungsprogramm, was Sie schreiben möchten. Halten Sie sich an die Grundlagen, die Sie erarbeitet haben.

Am besten offline vorformulieren und später online einkopieren

Im Internet haben Sie etwas mehr Raum für den Text: Bleiben Sie bei „kurz, knackig, aussagekräftig“ – keine Romane schreiben, sondern relevant bleiben!

Sie sollten während des Bewerbungsprozesses Ihre E-Mails täglich abrufen, um schnell auf Interessenten reagieren zu können.

Denken Sie daran, Ihr Online-Gesuch wieder zu entfernen, wenn Sie Ihre Stelle gefunden haben.

Aktiv auf Messen

Auf Messen gleich persönlich Kontakt aufnehmen

Messen haben den Vorteil, dass man sich gleich persönlich ein Bild verschaffen kann. Der Bewerber bekommt einen unmittelbareren Eindruck vom Unternehmen – auch wenn es nur ein kleiner Ausschnitt ist: Wie präsentiert sich die Firma? Wie gehen die anwesenden Mitarbeiter miteinander um und wie verhalten sie sich? Und umgekehrt lernt auch das Unternehmen den Bewerber gleich persönlich kennen.
Natürlich ist nicht auf jeder Messe auch ein Personalentscheider anwesend.

Es gilt zu unterscheiden zwischen Fachmessen und Karrieremessen. Letztere heißen „Karrieretag“ oder „Recruiting-Veranstaltung“ und schießen wie Pilze aus dem Boden. Teilweise sind sie auf bestimmte Arten von Bewerbern beschränkt, zum Beispiel auf Hochschulabsolventen oder bestimmte Berufssparten.

Der Sinn liegt darin, Firmen unmittelbar mit Bewerbern zusammenzubringen. Unternehmen präsentieren sich, führen häufig bereits vor Ort Vorstellungsgespräche oder lassen Tests absolvieren. Der Vorteil: Es sind auf jeden Fall Personaler anwesend.

Auch Fachmessen können zur Bewerbung genutzt werden. An vielen Messeständen werden explizit Stellen ausgeschrieben und Besucher ermutigt, sich vor Ort vorzustellen. Zum Teil haben Unternehmen auch einen Personalentscheider am Stand.

Wenn Sie im Vorfeld bereits wissen, bei welcher Firma Sie sich bewerben möchten, rufen Sie rechtzeitig vorher in deren Personalabteilung an und vereinbaren Sie einen Termin auf der Messe.

!

Bereiten Sie Ihren Messebesuch gut vor! Holen Sie sich vorher ein Verzeichnis der Aussteller, entscheiden Sie sich, welche Unternehmen Sie interessieren, und bereiten Sie sich auf jedes Gespräch vor, als wäre es bereits Ihr Bewerbungsgespräch.
Nehmen Sie Ihre Bewerbungsunterlagen in ausreichender Anzahl mit. Planen Sie für Unternehmen, bei denen Sie sich gezielt bewerben möchten, Ihre umfassende Bewerbungsmappe ein, die Sie mit einem individuellen Anschreiben versehen. Und nehmen Sie für Spontanbewerbungen einen Stapel Kurzbewerbungen mit.

Auf Stellenausschreibungen reagieren

Wer ganz gezielt auf eine Stellenanzeige im Stellenmarkt einer Zeitung oder im Internet reagiert, weiß sicher: Da wird gerade jemand für die Position, die ich mir vorstelle, gesucht. Klar ist natürlich auch, dass Sie bei einer Stellenausschreibung nicht der einzige Bewerber sind. Im Gegenteil: Für manche Positionen gibt es eine Bewerberflut, in der Sie sich behaupten müssen, um eine Einladung zum Gespräch zu erhalten. Konkret geht es um:

- Stellenanzeigen in Zeitschriften und Zeitungen
- Ausschreibungen im Internet: Firmen-Websites
- Jobbörsen im Netz

Auch diese eher reaktiven Möglichkeiten, Ihren Traumjob zu finden und zu erhalten, lassen sich intensiv und vor allen Dingen pro-aktiv nutzen.

Fahren Sie mehrgleisig und nutzen Sie aktiv die vielen Möglichkeiten!

Richten Sie Ihre Suche immer gezielt aus:

- In welcher Position/Branche möchte ich Fuß fassen?
- Wo schalten Unternehmen aus diesem Bereich ihre Anzeigen?
- Welche Firmen gibt es in diesem Gebiet (um dort konkret nach offenen Stellen zu forschen)?

Diese Vorarbeit lohnt sich, weil Sie eine größere Auswahl an passenden Ausschreibungen finden, als wenn Sie sich nur auf die „üblichen“ Quellen beschränken, wie zum Beispiel die Stellenmärkte in der Süddeutschen Zeitung, der Frankfurter Allgemeinen Zeitung etc.
Beachten Sie in diesem Zusammenhang bitte auch den Abschnitt „Quereinsteiger“, ab Seite 113. Dort finden Sie weitere Hinweise, wie Sie an Unternehmen, Berufsverbände und spezielle Brancheninformationen kommen.

Stellenanzeigen in Printmedien

Eine Stellenanzeige sagt sehr viel mehr als die reinen Worte, die benutzt werden. Genauer hinzusehen und die Anzeige möglichst intensiv für Ihre gute Bewerbung zu nutzen lohnt sich!

Wer sich fundierte Gedanken und, ja, auch mehr Arbeit macht, indem er individuelle Briefe verfasst, anstatt auf vorgefertige Serienbriefe zurückzugreifen, der kommt auch besser an und wird eher eingeladen.

Viel sagend statt nichts sagend formulieren

Vermeiden Sie nichts sagende Anschreiben, die auf jede Firma passen und einem Schema folgen: „Ich interessiere mich für die Position, hier noch einmal mein Lebenslauf in Kürze, ich freue mich, wenn Sie interessiert sind“ usw. Der größte Fehler, den Bewerber machen, ist, dass ihr Anschreiben so klingt wie alle anderen auch. Damit hat es der Personalentscheider schwer, wirklich eine Auswahl zu treffen. Und man provoziert damit, was gleichzeitig oft verteufelt wird: Der Personaler muss sich an den Lebenslauf und an die Zeugnisse halten, weil der Bewerber nicht „greifbar“ genug wird.

Bevor Sie sich also ans Formulieren machen, arbeiten Sie erstmal mit dem Stellenmarkt:

→ Reißen Sie Anzeigen, die Sie ansprechen, heraus. Heften Sie diese an ein Blatt Papier und schreiben Sie dazu, warum gerade diese Anzeige Sie anspricht.

→ Unterstreichen Sie Schlüsselwörter. Am besten nehmen Sie gleich zwei Farben: Unterstreichen Sie in einer Farbe, welche Worte und Formulierungen Ihnen wichtig sind, und mit der anderen, welche Schlüsselwörter offensichtlich für die Firma eine Rolle spielen.

Sprechen Sie die Sprache des Unternehmens.

Sie können später im Anschreiben gezielt die wichtigsten Eigenschaften aufgreifen, sie beiläufig benutzen oder etwas ausführlicher darauf eingehen. So sprechen Sie die gleiche Sprache wie das Unternehmen und stellen Gemeinsamkeiten her. Wichtig ist, dass Sie – im eigenen Interesse – immer authentisch bleiben. Erwähnen Sie nur Eigenschaften und Kompetenzen, die Ihnen tatsächlich entsprechen. Sie tun weder dem Unternehmen noch sich selbst einen Gefallen, wenn Sie so tun, als ob.

Heften Sie das Blatt mit der Stellenausschreibung und Ihren Notizen zur Kopie Ihrer Bewerbung und bewahren Sie die Unterlagen so auf, dass Sie sie sofort griffbereit haben, wenn Sie angerufen werden.

Sofern Sie viele Bewerbungen verschicken, ist ein alphabetisch sortierter Ordner sehr praktisch. So können Sie sich die Anzeige/die Bewerbung jederzeit noch einmal vor Augen führen, sind vorbereitet und selbstsicherer. Es gibt nichts Schlimmeres als eine enthusiastische Bewerbung, bei welcher der Bewerber nicht mehr weiß, für wen er sich so begeistert hat und nachfragen muss: „Welche Firma sind Sie nochmal?“

Doch noch einmal zurück zur Stellenanzeige selbst. Jedes Unternehmen überlegt sich, wie es nach außen auftritt. Achten Sie auf Folgendes:

Eine Firma überlegt sich gut, was sie erwähnt und besonders hervorhebt.

→ *Die Gestaltung: Was wird hervorgehoben?*
Die Größe der Anzeige ist nicht wirklich relevant dafür, wie „gut“ eine Firma ist. Stellenanzeigen kosten Geld und nicht jedes Unternehmen ist gewillt, viel Geld für eine Anzeige auszugeben, oder hat entsprechende Ausgaben momentan nicht im Budget. Im Gegensatz dazu sind für bekannte Unternehmen große Anzeigen fast schon Pflicht. Lassen Sie sich also nicht von der Größe beeindrucken.
Interessanter ist, ob Farben oder Bilder verwendet werden. Welche? Wie wirkt die Anzeige rein optisch auf Sie? Ist sie modern und flippig oder eher zurückhaltend und konservativ, was Farbe, Fotos und Anordnung angeht?

Achten Sie auch auf die verwendete Schriftart: Ist es eine klare, schnörkellose Schrift? Ist sie eckig oder rund? Wurden unterschiedliche Stile (fett, kursiv, unterstrichen) verwendet? Stehen die Wörter kreuz und quer oder stehen die Inhalte in „geordneten Reihen“?

Auch wenn Sie natürlich nicht in allen Details wissen werden, was die Firma sich dabei gedacht hat, so bekommen Sie ein besseres Gefühl für die ausgeschriebene Position und das Unternehmen, das dahinter steckt.

Eines der wichtigsten Dinge ist: Was steht im Mittelpunkt? Was hält die inserierende Firma für so wichtig, dass es am stärksten hervorgehoben wird und sofort ins Auge sticht?

→ *Die Inhalte und die Wortwahl: Was wird gesagt und wie?*
Gibt es eine oder mehrere Überschriften? Mit welchem Inhalt? Ist lediglich die Position hervorgehoben oder in eine griffige Headline verpackt? Oder bringen Zwischenüberschriften eine Struktur in die Anzeige? Gibt es ausführlichere Hinweise auf „Was wird gesucht?“, „Welche Qualifikation wird gefordert?“, „Welche Eigenschaften hat der ideale Kandidat?“, „zum Unternehmen“ und „spezielle Wünsche zum Inhalt der Bewerbung“?

Interessant ist auch, zu sehen, ob ausgewogen von „Wir“ und „Sie“ gesprochen wird oder ob ein Unternehmen immer nur von sich selbst spricht und ansonsten eher Forderungen stellt. Wird der Bewerber selbst ebenfalls in den Mittelpunkt gestellt und umworben? Wird ihm auch etwas geboten? Was?

!

Gut ist ein Vergleich: Schlagen Sie den Stellenmarkt auf und vergleichen Sie Anzeigen unter den genannten Gesichtspunkten. So wird Ihnen schnell klarer, wo die Unterschiede liegen – und Sie können diese dann für Ihre Bewerbung nutzen!

Bei Inseraten, die über Beratungs-/Vermittlungsunternehmen laufen, ist die Ausschreibung natürlich dem Corporate Design dieser Firma angepasst. Und auch das „Wie wird was gesagt" offenbart keine Informationen über das suchende Unternehmen. In solchen Fällen achten Sie einfach verstärkt auf den Inhalt der Anzeige.

Eventuell finden Sie in der Zeitung mehrere Anzeigen des gleichen Beratungsunternehmens: Lesen Sie ein paar weitere, auch wenn die Stellen Sie nicht interessieren. So können Sie feststellen, ob das vermittelnde Unternehmen verschiedene Worte wählt (was im Falle unterschiedlicher Auftraggeber so sein sollte). Beschäftigen Sie sich dann mit diesen Begriffen. Wenn Sie keinen Unterschied feststellen können, obwohl es sich um unterschiedliche Auftraggeber handelt, steigen Sie später bei Ihrer Bewerbung auf den Inhalt der Anzeige ein, für die Sie sich interessieren, und gehen Sie gleichzeitig auf die Besonderheiten des Kunden, der Branche beziehungsweise der vakanten Position etwas stärker ein.

Wer Stellenanzeigen durchschaut, kann sie noch besser für sich nutzen.

Sie sehen: Eine Stellenanzeige verrät Ihnen sehr viel mehr über ein Unternehmen als nur, welche Stelle gerade zu besetzen ist. Nutzen Sie dieses wirkungsvolle Werkzeug!

Worthülsen hinterfragen und aussagekräftig antworten

Leider sind Stellenausschreibungen häufig voll von Worthülsen wie „teamfähig", „kommunikativ", „eigenverantwortlich", „belastbar" und wie sie alle heißen. Diese inflationär genutzten Begriffe bringen keinem etwas – weder dem suchenden Unternehmen noch dem Bewerber. Was genau bedeutet denn für die Firma „kommunikativ", wie „belastbar" ist belastbar in dieser konkreten Position, was genau ist damit gemeint? Auch Ausschreibungen gleichen sich meist darin, dass sie einem Bewerber nicht interessant genug erscheinen oder er sich schlichtweg nicht genug darunter vorstellen kann.

Wenn die Firma nicht konkret wird, übernehmen Sie das!

Da hilft nur eins: Wenn Sie sich von einer Ausschreibung angesprochen fühlen, dann übernehmen Sie als Bewerber die Aufgabe, konkret zu werden! Statt ebenfalls mit allgemeinen Begriffen wie „Ich bin flexibel“ um sich zu werfen, geben Sie sich ein Profil, machen Sie sich greifbar. Damit erhöht sich die Chance, aus dem Einerlei der meist gleich klingenden Anschreiben herauszustechen und die Aufmerksamkeit des Personalentscheiders auch wirklich zu bekommen.

Übung 1: Weg von reinen Floskeln

Bevor Sie Ihr Anschreiben formulieren, sehen Sie sich die Eigenschaften an, die

→ das Unternehmen explizit fordert;
→ Sie selbst als wichtig für diese Position ergänzen möchten.

Schreiben Sie diese untereinander auf ein Blatt Papier. Lassen Sie genug Platz, um Ihre Gedanken/Beschreibung dazu zu ergänzen.

Nutzen Sie die Erkenntnisse, die Sie daraus gewinnen, für Ihren Bewerbungsbrief.

Übung Nr. 2: Glaubwürdig und nachvollziehbar

Überlegen Sie sich zu den Eigenschaften aus Übung 1 Beispiele aus Ihrer eigenen Praxis. Natürlich wird nicht jedes Beispiel auch ins Anschreiben einfließen, Sie wollen ja keine Romane schreiben. Nur wenn Sie sich in der Vorbereitung auch intensiv damit auseinander setzen,

Bereiten Sie sich gut vor und treffen Sie dann die beste Auswahl!

→ können Sie passende Umschreibungen/Beispiele im Anschreiben nennen und erhöhen damit die Chance, eingeladen zu werden;
→ haben Sie später im Gespräch immer konkret etwas zu sagen und können aus Ihrem breiten Erfahrungsschatz genau das Passende auswählen.

Möglicherweise haben Sie sich bisher noch gar nicht so recht Gedanken darüber gemacht, wie Sie selbst solche Begriffe erklären und für sich sehen, und was es faktisch heißt, wenn Sie von sich sagen, dass Sie „einen ausgeprägten Sinn für Service" haben.

Ausschreibungen im Internet: Firmen-Websites

Das Internet ist eine wahre Fundgrube an neuen Möglichkeiten für Bewerber: So sind – neben den Jobbörsen, die nachfolgend näher besprochen werden – Internetpräsenzen von Unternehmen sehr aufschlussreich, sowohl was freie Positionen als auch nähere Informationen zur Firma selbst angeht.

Oft werden Stellen nur im Internet ausgeschrieben.

Eine Stellenausschreibung auf der eigenen Website hat für Unternehmen den Vorteil, dass sie nichts kostet. Deshalb kommt es häufig vor, dass vakante Stellen nicht „extern" angeboten werden, sondern tatsächlich nur dort zu finden sind. Was bedeutet das für Sie und Ihre Suche nach dem Traumjob? Ganz einfach, dass Sie sich aktiv auf die Socken machen.

Wenn Sie sich für ein konkretes Unternehmen interessieren, dessen Internetadresse jedoch nicht kennen, gibt es drei einfache Möglichkeiten, diese herauszubekommen:

- Sie geben den Namen der Firma mit dem Zusatz .com oder .de (bzw. die jeweilige Länderkennung) ein. Internationale Unternehmen haben in der Regel eine .com-Adresse. Das führt jedoch nicht immer zum Erfolg.
- Sie geben in einer Suchmaschine den Firmennamen ein. Tipp: Wenn es sich um einen allgemeinen Namen handelt, dann am besten mit dem Zusatz der Branche.
- Sie rufen die Firma einfach an und fragen nach der Internetadresse. Diese kann Ihnen die Telefonzentrale sofort sagen.

Sofern Sie sich für eine bestimmte Branche entschieden haben, jedoch keine Firmen namentlich kennen:

- → Nutzen Sie Internetverzeichnisse wie Yahoo! oder natürlich die guten alten Gelben Seiten und ähnliche Adressbücher. Dort finden Sie die Firmen nach Branchen sortiert.
  Eine wunderbare Fundgrube sind auch Messekataloge. Finden Sie heraus, welche Messe für die von Ihnen angestrebte Branche wichtig ist, und bestellen Sie beim Messeveranstalter den Ausstellungskatalog.
- → Suchen Sie die Seiten von Berufs- oder Branchenverbänden. Dort gibt es häufig Mitgliederdatenbanken.

Achten Sie auf den Unternehmensauftritt Ihres potenziellen Arbeitgebers!

Während Sie auf der Website sind, schauen Sie sich nicht nur die Job-Sektion näher an, sondern auch die anderen Seiten. Wie tritt die Firma nach außen auf? Wie wirkt die Webpräsenz auf Sie? Nutzen Sie die Tipps zu den Stellenausschreibungen, um ein besseres Gefühl für das Unternehmen zu bekommen (siehe Seite 205).

Im Job-Bereich finden Sie neben einer näheren Beschreibung der freien Position in der Regel eine Ansprechperson oder Abteilung, bei der Sie sich bewerben können. Außerdem gibt es meistens einen Hinweis darauf, in welcher Form die Bewerbung eingereicht werden soll.

!

Nur weil eine Firma im Netz präsent ist, heißt das nicht, dass Bewerbungen per E-Mail auch wirklich erwünscht sind. Sofern Sie auf der Website nicht ausdrücklich zu einer Online-Bewerbung aufgefordert werden, lohnt es sich, vorher anzurufen und nachzufragen.

Nicht jede Firma begrüßt Online-Bewerbungen!

Hinsichtlich der Bewerbung gibt es folgende Möglichkeiten:

- → Die Firma hat eine konkrete freie Position, die sie ausschreibt.
- → Das Unternehmen sucht „laufend" gute Leute und fordert allgemein zu Bewerbungen in benannten Bereichen auf.

Die Bewerbung per E-Mail

Bei der E-Mail-Bewerbung ist die E-Mail selbst Ihr Anschreiben. Als Anlage wird üblicherweise ein Lebenslauf (nicht länger als zwei Seiten) mitgeschickt, wenn es sinnvoll ist, auch ein Tätigkeitsprofil, das über einzelne Aufgabenbereiche/Projekte genauere Auskunft gibt. Ein Foto fügen Sie bitte nur dann bei, wenn es von der Dateigröße her so optimiert ist, dass es in kleinem Format qualitativ noch gut ist.

Wählen Sie bei Anlagen immer ein allgemein übliches Dateiformat (gegebenenfalls telefonisch nachfragen) und prüfen Sie die Anlagen mit einem aktuellen Virenscanner!

Die Bewerbung per Online-Formular, in dem konkrete Daten abgefragt werden

Besonders größere Unternehmen haben mittlerweile Online-Formulare, in die Sie Ihren bisherigen beruflichen Werdegang, Ihre Kenntnisse und Fähigkeiten eintragen können.
Häufig bleibt in diesen Formularen sehr wenig Platz für freien Text. Und wer bei seinem Lebenslauf mit den vorgegebenen Feldern nicht hinkommt, wird möglicherweise bei dieser Form der Bewerbung nicht so gute Karten haben.
Ein Online-Formular macht es hinsichtlich der Bewerberverwaltung zwar für eine Firma einfacher, nimmt allerdings auch die Chance auf Individualität. Wenn Ihr Traumberuf einen Quereinstieg voraussetzt oder wenn Sie befürchten, dass Ihr bisheriger Werdegang ein Hindernis darstellen könnte, nut-

zen Sie die herkömmliche Bewerbung: Sie können dann individueller auftreten und mehr Profil zeigen.

Halten Sie auch bei einer Online-Bewerbung Ihre „normalen“ Bewerbungsunterlagen bereit. Häufig werden diese zusätzlich angefordert oder Sie werden gebeten, sie zum Gespräch mitzubringen.

Der herkömmliche Weg: die Bewerbung per Post

Erwähnen Sie bei Ihrer Bewerbung, dass Sie gezielt im Internet gesucht haben. Damit zeigen Sie Ihr besonderes Interesse an der Firma, Ihre Eigeninitiative und Ihre Offenheit dem Medium Internet gegenüber.

Auch wenn aktuell keine Stellen ausgeschrieben sind oder Sie auf der Internetseite keine Job-Sektion finden, lohnt sich eine Initiativbewerbung! Nicht jede Firma schreibt ihre offenen oder geplanten Stellen sofort aus – ganz zu schweigen davon, dass sich personelle Veränderungen ja auch laufend neu ergeben.

Jobbörsen im Netz

Online-Stellenmärkte haben sich in den letzten Jahren sehr stark etabliert: von universellen Anbietern, die Positionen aller Art und in jeder Branche anbieten – national und international – bis hin zu Jobbörsen, die sich auf bestimmte Berufsgruppen und/oder Branchen spezialisiert haben.

Um den Dschungel von Online-Stellenmärkten zu durchblicken, helfen Jobsite-Rankings, also Tests und Besprechungen von Stellenbörsen, oder auch Meinungsportale, in denen Privatpersonen über ihre Erfahrungen mit Jobbörsen berichten. Außerdem erleichtern so genannte Meta-Suchmaschinen (zum Beispiel jobrobot.de) die Jobsuche: Diese suchen zielgerichtet in anderen Jobsites.

Nehmen Sie sich etwas Zeit, um sich von den verschiedenen Anbietern ein Bild zu machen, und wählen Sie gezielt aus. Sehen Sie sich die Angebote jeweils etwas näher an, die es in dem von Ihnen angestrebten Bereich gibt.
Die Online-Jobbörse können Sie sowohl für Ihr eigenes Stellengesuch nutzen (ausführliche Tipps dazu ab Seite 188) als auch für Ihre aktive Suche. In der Regel haben Sie anhand komfortabler Suchkriterien die Möglichkeit, sich explizit Positionen anzeigen zu lassen, die Sie interessieren. Bevor Sie sich schnell, schnell an die Bewerbung machen, sehen Sie sich die Ausschreibung etwas näher an und besuchen Sie auch die Internetseite des Unternehmens, bei dem Sie sich bewerben möchten.
Sofern Sie eine interessante Stellenausschreibung im Netz finden, diese aber nicht der von Ihnen gesuchten Position entspricht, lassen Sie sich nicht abschrecken: Vielleicht finden sich auf der unternehmenseigenen Seite weitere vakante Stellen. Oder Sie schicken eine Initiativbewerbung.

Dienstleistung nutzen

Lassen Sie sich beim Finden Ihres Traumjobs unterstützen!

Bei Ihrer Suche nach dem Traumjob können Sie sich auch helfen lassen. Vielleicht entscheiden Sie sich dafür, per Zeitarbeit einen Fuß in bestimmte Branchen/Unternehmen zu bekommen und sich so erste Sporen in einem fremden Bereich zu verdienen, oder Sie möchten sich fest vermitteln lassen. Nutzen Sie auch folgende Wege für Ihre Jobsuche:

- → Personalvermittler
- → Zeitarbeit
- → Agentur für Arbeit

Nachfolgend erfahren Sie einige wichtige Eckdaten zu diesen Wegen. Auch bei einer Vermittlung ist es wichtig, sich selbst gut zu präsentieren. Es ist nicht damit getan, zu einem Vermittler zu gehen und zu sagen: „Ich suche das und das, vermitteln Sie mich!“ Ein seriöses Unternehmen wird immer darauf bedacht sein, eine aussagekräftige Bewerbung zu erhalten und einen positiven persönlichen Eindruck zu bekommen. Immerhin sind solche Unternehmen darauf angewiesen, gute Leute zu vermitteln. Jede falsche Entscheidung schlägt sich unmittelbar auf den Ruf und damit auf das weitere Geschäft der Firma nieder.
Bewerben Sie sich deshalb immer individuell und überzeugend. Die zahlreichen Tipps in diesem Buch helfen Ihnen dabei.

Personalvermittler

Seit den 1990er Jahren ist die private Personalvermittlung gesetzlich zugelassen. Bis dahin durfte lediglich die Bundesagentur für Arbeit in diesem Bereich tätig werden. Seitdem schießen Vermittlungsunternehmen wie Pilze aus dem Boden. Die gute Nachricht: Als Bewerber kann man aus einer breiten Palette von Firmen auswählen; mittlerweile gibt es auch viele spezialisierte Vermittlungen (bestimmte Branchen, Positionen).

Übrigens sind Personalvermittler tatsächlich für jede Position da. Viele Leute kennen aus dem Stellenmarkt der Zeitung nur die großen Beratungsunternehmen, die Führungskräfte – für meist hohe Positionen – suchen. Bevor Sie Kontakt zu einer Personalvermittlung aufnehmen, machen Sie sich am besten erst einmal schlau und treffen Sie eine Auswahl. Sie möchten Ihre Bewerbung ja an viel versprechende Partner weitergeben, damit Sie Ihren Traumjob ergattern.

Personalvermittler gibt es für alle Branchen und Positionen.

Eine gute Hilfe ist das Internet: Über die Vermittler-Websites können Sie sich über die Firma und deren Kunden informieren und einen ersten Eindruck gewinnen. Außerdem lohnt es sich, Jobbörsen zu durchforsten und darüber auf Vermittler zu kommen, die Positionen anbieten beziehungsweise Kunden haben, die zu dem von Ihnen angestrebten Gebiet passen.

Adressen von Vermittlern finden Sie in Branchenbüchern sowie über das Internet (Verzeichnisse, Suchmaschinen oder auch über die Website des Bundesverbandes Personalvermittlung www.bpv-info.de).

Prüfen Sie:

- Spricht Sie die Eigendarstellung/Sprache des Unternehmens an? Sofern Sie telefonisch Kontakt aufnehmen: Wie ist Ihr Eindruck? Fühlen Sie sich freundlich und gut beraten?
- Welche Positionen vermittelt die Firma schwerpunktmäßig? Gibt es eine Spezialisierung?
- Fragen Sie nach einer Kundenliste: Sind die Unternehmen für Sie interessant/passend?
- Wie ist die Arbeitsweise der Firma? Hat man zu vermittelnde Positionen in ausreichender Zahl zur Verfügung oder wird nur eine Kartei aufgebaut, „falls mal was frei wird"?
- Fragen Sie auch, nach welchen Kriterien vermittelt wird. Gute Personalvermittler kennen „ihre" Unternehmen sehr gut und achten nicht nur auf die fachlichen Qualifikationen der Bewerber, sondern auch darauf, dass es menschlich passt.

Wählen Sie bewusst und sorgfältig aus, mit wem Sie zusammenarbeiten!

→ Wie sehr ist man an Ihnen interessiert? Werden Sie vom Vermittler auf die Antworten in einem Fragebogen reduziert? Oder interessiert man sich auch persönlich für Ihre Belange und Vorstellungen? Gibt man Ihnen ehrliches Feedback zu Ihrem Auftreten und Ihren Unterlagen?

Eine Personalvermittlung ist für den Bewerber kostenfrei. Das Unternehmen bezahlt den Vermittler, wenn ein Arbeitsvertrag geschlossen wurde. In der Regel richtet sich die Vermittlungsprovision nach dem vereinbarten Gehalt.

Gehen Sie immer von Ihrem angestrebten Traumjob aus. Es kann sein, dass sich dann neue Möglichkeiten ergeben. Wer zum Beispiel in den künstlerischen Bereich möchte, sollte sich an Künstleragenturen wenden. Was nicht vielen bekannt ist: In dieser Richtung kann auch die Agentur für Arbeit weiterhelfen. Wer Fotomodell werden möchte, ist bei Model-Agenturen an der richtigen Adresse.

Alarmglocken an, wenn Sie zur Kasse gebeten werden!

Bitte informieren Sie sich jedoch immer ganz genau über das jeweilige Unternehmen. Es wird leider, gerade im künstlerischen Bereich, gerne mit den Träumen der Bewerber gespielt und seitens unseriöser Firmen das Blaue vom Himmel versprochen. Ein eindeutiges Negativ-Indiz ist, wenn Sie als Bewerber gleich zur Kasse gebeten werden. Finger weg! Am besten erfragen Sie seriöse Anbieter bei Berufsverbänden.

Zeitarbeit

Zeitarbeit ist eine gute Möglichkeit, sich in verschiedenen Unternehmen zu beweisen. Der Bewerber schließt einen festen Arbeitsvertrag mit der Zeitarbeitsfirma, in der Regel ist dieser unbefristet. Jetzt werden Sie von Ihrer Firma „verliehen“, also für einen begrenzten Zeitraum in einem anderen Unternehmen eingesetzt.

Das hat viele Vorteile:

Zeitarbeit hat ihre Vorteile.

- Sie können die verschiedensten Erfahrungen sammeln, sowohl was Inhalte und Aufgaben betrifft als auch in Bezug auf Arbeitsabläufe, Zusammenarbeit und Management.
- Sie beweisen Flexibilität, weil Sie sich als Mitarbeiter in der Zeitarbeit immer wieder auf neue Situationen, Abläufe, Arbeitsmittel einstellen müssen.
- Sie haben einen abwechslungsreichen Job.
- Sie können sich in einem neuen Bereich genauer umsehen, Ihren „Traumberuf" abchecken.
- Möglicherweise werden Sie von einer Firma übernommen – und dadurch, dass Sie sich vorher bereits mit allem vertraut machen konnten, wissen Sie schon, wie das Unternehmen und die Kollegen Ihnen liegen.

!

Nicht für jeden ist Zeitarbeit jedoch angenehm. Wenn Sie Schwierigkeiten damit haben, immer wieder „der/die Neue" zu sein, und lieber in einem vertrauten Umfeld arbeiten, dann ist der mit Zeitarbeit verbundene häufige Wechsel nicht unbedingt geeignet für Sie.
Außerdem kann es Ihnen natürlich auch passieren, dass Sie sich in einer Firma und einem Arbeitsgebiet sehr wohl fühlen, dann aber wieder woanders eingesetzt werden.

Zeitarbeit ist auf dem Vormarsch. Immer mehr Unternehmen nutzen Zeitarbeiter, um kurzfristige Engpässe zu überwinden, aber auch um sich ein Bild vom Arbeitnehmer zu machen – bevor er eventuell fest übernommen wird. Auch wenn das nicht der ursprüngliche Sinn der Sache ist, ist es doch gang und gäbe. Es gibt deshalb auch viele Zeitarbeitsfirmen, die gleichzeitig eine Personalvermittlung unterhalten oder Sondervereinbarungen mit ihren Kunden treffen, dass eine spätere feste Übernahme möglich ist.

Auch für Zeitarbeitsfirmen gilt: Wählen Sie das Unternehmen gezielt aus. Die Kriterien sind ähnlich wie bereits für die Personalvermittler beschrieben. Darüber hinaus sollten Sie sich umfassend über die Konditionen informieren:

Checken Sie die Konditionen genau ab!

- ➔ Wie sieht es mit Ihrem Gehalt und den Entwicklungsmöglichkeiten aus?
- ➔ Gibt es Fortbildungsmöglichkeiten?
- ➔ Wie sind Urlaub, Sonderzahlungen etc. geregelt?

Immer wieder wird darüber gelästert, dass Zeitarbeitsfirmen viel mehr Geld „einstreichen", als sie ihren Arbeitnehmern weitergeben. Natürlich! Vergessen Sie nicht, dass die Zeitarbeitsfirma ein fester Arbeitgeber ist, der sowohl in seine Mitarbeiter als auch in die gesamte Verwaltung, Akquise etc. entsprechend investieren muss. Außerdem will und muss jede Firma auch Gewinne machen.
Informieren Sie sich im Vorfeld über die Konditionen und prüfen Sie, ob diese für Sie akzeptabel sind. Dann gibt es hinterher keine Enttäuschung.

Die Bundesagentur für Arbeit

Die Arbeitsagentur ist die Infoquelle.

Vergessen Sie auch die Arbeitsagentur nicht! Neben möglichen Vermittlungsangeboten können Sie vor allen Dingen von den so genannten Berufsinformationszentren (BIZ) profitieren. Dort erhalten Sie umfassende Informationen zu:

- ➔ Ausbildung und Studium
- ➔ Berufsbildern und Anforderungen
- ➔ Weiterbildung und Umschulung
- ➔ Arbeitsmarktentwicklungen

Außerdem stehen Computer zur Verfügung, an denen Sie aktuelle Stellenangebote ausdrucken lassen können. Und Sie können sich vor Ort von einem Mitarbeiter der Agentur für Arbeit beraten lassen.

Die Agentur für Arbeit wird nicht selten mit einer wegwerfenden Handbewegung abgetan. Zu Unrecht! Nutzen Sie die Informationen aus erster Hand, auch wenn Sie nicht vorhaben, sich von dort vermitteln zu lassen.

In diesem Zusammenhang ist es auch wichtig zu erwähnen, dass Sie sich nicht etwa entmutigen lassen sollten, wenn man Ihnen von Ihrem angestrebten Berufsweg abrät. Wie wir ganz am Anfang des Buches bereits geschrieben haben, ist ein Rat von außen durchaus wertvoll. Ein Rat ist jedoch nur ein Rat. Die Entscheidung bleibt immer bei Ihnen. Sie sollten Feedback – auch wenn es vielleicht auf den ersten Blick nicht so schön für Sie ist – immer in Ihre Gedanken und Planungen einbeziehen, für sich bewerten – und dann entscheiden.

Nur wer weiß, womit er es zu tun hat, kann erfolgreich handeln!

Es kann durchaus interessant und aufschlussreich sein, was man bei der Agentur für Arbeit über den von Ihnen angestrebten Beruf sagt. Sie können sich dann – egal ob es sich um eine Angestelltenposition oder eine angestrebte Selbstständigkeit handelt – besser auf die Situation vorbereiten und einstellen.

Die Agentur für Arbeit wird Sie möglicherweise nicht in Ihrem Berufswunsch bestärken oder Sie unterstützen. So werden Umschulungen und Weiterbildungen natürlich individuell geprüft und auch auf die konkrete Situation abgestimmt. Wenn Sie einen Beruf erlernt haben, in dem händeringend Fachkräfte gesucht werden, sieht es mit einer bezahlten Umschulung sicherlich nicht so rosig aus. Checken Sie die Möglichkeiten genau ab.

Fazit

Die Wege, die sich Ihnen bieten, um Ihren Traumberuf zu finden, sind vielfältig. Nutzen Sie sie auch! Beachten Sie die zahlreichen Tipps zu Ihrer erfolgreichen Selbstdarstellung. Diese gelten für jede Bewerbung, auch wenn Sie sich über ein Vermittlungsunternehmen verändern möchten.
Lassen Sie sich nicht durch Abraten oder Absagen verunsichern und völlig entmutigen. Immerhin haben Sie festgestellt, dass es sich hier um Ihren Traumberuf handelt, den Sie erreichen möchten. Da lohnt sich ein längerer Atem.

Das Wichtigste für Ihre erfolgreiche schriftliche Bewerbung

Wenn Sie sich schriftlich bei einem Unternehmen vorstellen, ist Ihre Bewerbung Ihr Stellvertreter. Sie macht den Personalentscheider entweder neugierig; dann lädt er Sie zu einem persönlichen Gespräch ein. Oder es kommt eine Absage.
Hier eine kurze Checkliste, wie Sie Ihre Erfolgschancen auf ein Bewerbungsgespräch steigern:

Die Bestandteile einer Bewerbung

Eine gute Bewerbung ist interessant, aussagekräftig und komplett!

Eine komplette Bewerbung enthält:

- → ein individuelles Anschreiben
- → einen aussagekräftiger Lebenslauf (maximal zwei Seiten)
- → ein gutes, vorteilhaftes Foto
- → gegebenenfalls ein Tätigkeitsprofil
- → Zeugnisse und Zertifikate
- → Arbeitsproben, soweit relevant

Verschicken Sie keine losen Blätter: Es gibt ein großes Angebot an Bewerbungsmappen in allen Variationen und Preisklassen.

Eine gute Bewerbung erfüllt folgende Kriterien:

Individuell

Schreiben Sie Ihren Bewerbungsbrief immer individuell auf das Unternehmen und die Position abgestimmt. Finger weg von Standardfloskeln!

Aussagekräftig

Der Empfänger möchte bereits aus den Bewerbungsunterlagen mehr über Sie erfahren: Warum bewerben Sie sich (ausgerechnet bei ihm/um diese Position)? Welche persönlichen und fachlichen Eigenschaften bringen Sie mit? Welche Erfahrung haben Sie? Wie ist Ihr bisheriger Werdegang?

Vollständig

Ihre Bewerbung sollte immer vollständig sein. Fehlende Dokumente sind ärgerlich, weil nachgehakt werden muss, oder geben Anlass zu Spekulationen („Da hat der Bewerber wohl etwas zu verbergen!").
Wenn Sie nur eine Kurzbewerbung schicken: Diese besteht aus Anschreiben und Lebenslauf, vorzugsweise mit Foto, eventuell mit Tätigkeitsprofil.

Relevant

Da für das erste Durchsehen von Bewerbungen häufig wenig Zeit investiert wird, sollten Sie sich auf das Relevante beschränken. Nicht relevant wären zum Beispiel Arbeitsproben von Tätigkeiten, die an der neuen Stelle überhaupt nicht gefragt sind.

Fehlerfrei

Lesen Sie unbedingt Korrektur – die Bewerbung muss fehlerfrei sein!

Lesen Sie Ihre Bewerbung immer aufmerksam durch. Lassen Sie sie gegebenenfalls von jemandem Korrektur lesen, der gut Deutsch kann. Achten Sie auch auf die richtigen Daten im Lebenslauf. Schreibfehler werfen kein gutes Licht auf Sie.

Sorgfältig

Achten Sie darauf, dass Ihre Unterlagen in einem einwandfreien Zustand sind. Ordnen Sie sie in chronologischer Reihenfolge. Wenn Sie viele Anlagen haben, trennen Sie die Zeugnisse von den Zertifikaten und sortieren Sie innerhalb dieser Kategorien nach dem Datum. Die einzelnen Bereiche Ihrer Bewerbung können Sie ansprechend durch Zwischenblätter trennen. Fotokopien bitte immer in ausgezeichneter Qualität beilegen!

Versenden Sie Ihre Unterlagen in einem verstärkten Pappkuvert, dann gehen Sie sicher, dass sie auch einwandfrei beim Unternehmen ankommen.

Auf unserer Website www.selbstmarketing.de finden Sie zahlreiche weitere Informationen und Tipps für Ihre erfolgreiche Bewerbung,

Anhang

Webtipps

Da das Internet schnellebig ist, bleibt leider nicht jeder Webtipp immer aktuell. Sofern Sie unter der angegebenen Adresse eine Fehlermeldung bekommen, nutzen Sie bitte eine der angegebenen Suchmaschinen, um zum Ziel zu kommen.

Bewerbung und Karriere

www.selbstmarketing.de
Website der Autorinnen mit vielen Online-Tipps

http://infobub.arbeitsagentur.de/berufe
Berufsdatenbank der Arbeitsagentur

www.bza.de
Bundesverband Zeitarbeit Personal-Dienstleistungen e.V.

www.bpv-info.de
Bundesverband Personalvermittlung e.V.

Online-Stellenbörsen

www.jobrobot.de
www.consultants.de
www.jobscout.de
www.arbeitsagentur.de
www.monster.de
www.stepstone.de

Meinungsportale, u. a. zu Ausbildung & Karriere

www.ciao.com
www.dooyoo.de

Suchmaschinen und Verzeichnisse

www.google.de
www.yahoo.de
www.altavista.de
www.fireball.de
www.metager.de

freemail-Anbieter

www.web.de
www.yahoo.de
www.gmx.de

Informationen zu Messen

www.auma.de
Verband der deutschen Messewirtschaft e.V.
(mit umfassenden Informationen und Online-Datenbank)

Eine Auswahl an Berufsverbänden

www.bga.de
Bundesverband des Deutschen Groß- und Aussenhandels e.V. (BGA)

www.einzelhandel.de
Hauptverband des Deutschen Einzelhandels e.V. (HDE)

www.vci.de
Verband der Chemischen Industrie e.V. (VCI)

www.bdi-online.de
Bundesverband der Deutschen Industrie e.V. (BDI)

www.zdb.de
Zentralverband Deutsches Baugewerbe

www.zdh.de
Zentralverband des Deutschen Handwerks

www.deutschertourismusverband.de
Deutscher Tourismusverband e. V.

www.bve-online.de
Bundesvereinigung der Deutschen Ernährungsindustrie e.V. (BVE)

www.djv.de
Deutscher Journalistenverband e.V.

www.ddv.de
Deutscher Direktmarketing Verband e.V.

Informationen über die Industrie- und Handelskammern und die Handwerkskammern in Deutschland erhalten Sie über die Seite www.ihk.de bzw. www.zdh.de

Für Selbstständige

www.selbstmarketing.de
Website der Autorinnen - mit Online-Tipps

www.change-online.de
Unternehmensnachfolge

www.ueberbrueckungsgeld.de
Informationen zu Überbrückungsgeld, Ich-AG etc.

www.franchiseportal.de
Franchise-Portal

www.dfv-franchise.de
Deutscher Franchise-Verband

www.franchise-net.de
Informationen zu Franchising

www.openbc.com
riesiges Online-Netzwerk mit vielen Foren

Möchten Sie an einem Businessplan-Wettbewerb teilnehmen? Da es sehr viele - auch regionale - Wettbewerbe gibt, empfehlen wir Ihnen, einfach in einer Suchmaschine einfach das Stichwort „Businessplan-Wettbewerb" einzugeben.

Literaturtipps

Bewerbung & Karriere

Bolles, Richard Nelson: *Durchstarten zum Traumjob. Das Bewerbungshandbuch für Ein/Um- und Aufsteiger.* Campus Verlag, Frankfurt 2004

Öttl, Christine/Härter, Gitte: *Schriftlich bewerben.* GU Verlag, München 2004.

Öttl, Christine/Härter, Gitte: *Vorstellungsgespräche.* GU Verlag, München 2004.

Jähnchen, Patrick: *Vorstellungsgespräche.* GU Verlag, München 2001.

Nuber, Claudia: *Auffallend gut.* Redline Wirtschaft, Frankfurt 2003.

Öttl, Christine/Härter, Gitte: *Studienabbruch, na und! So geht's weiter: Potenziale erkennen, erfolgreich bewerben, selbstbewusst auftreten.* BW Verlag, Nürnberg 2005

→ Für Berufsbilder gibt es eine Fülle von Publikationen, die verschiedene Branchen vorstellen (Medienberufe, Wellness-Berufe, Berufe im Internet etc.).

Selbstständigkeit

Härter, Gitte: *Kundenakquise.* Cornelsen Verlag, Berlin 2004.

Hofert, Svenja: *Erfolgreich als freier Journalist*, Uvk 2003.

Borress, Alan S.: *Jetzt brauche ich Aufträge.* Redline Wirtschaft, Frankfurt 2005.

Zimmermann, Hans-Peter: *Großerfolg im Kleinbetrieb. Wie man einen Betrieb mit 1 bis 40 Mitarbeitern zum Erfolg führt.* Redline Wirtschaft 2003.

Bergmann, Ulrike: *Erfolgreich als Einzelunternehmer. Von der Idee zum Ziel.* Moderne Industrie, Frankfurt 2002

Stein, Julia: *Büffeln & Business, Firmengründung für Schüler und Studenten.* Moderne Industrie, April 2002

Lutz, Dr. Andreas: *Überbrückungsgeld und Ich-AG. Erfolgreich in die Selbstständigkeit. So nutzen Sie die staatliche Förderung.* Linde, Wien 2004

Selbstmanagement & Persönlichkeit

Öttl, Christine/Härter, Gitte: *Einfach gut organisieren.* BW Verlag, Nürnberg 2005

Öttl, Christine/Härter, Gitte: *Selbst-Marketing.* GU Verlag, München 2005.

Schulz von Thun, Friedemann: *Miteinander reden (Band 1-3),* Rowohlt Verlag, Hamburg 1981.

Seiwert, Lothar J.: *Mehr Zeit für das Wesentliche.* Redline Wirtschaft, 2005.

Baum, Tanja: *Die Kunst, freundlich Nein zu sagen.* Redline Wirtschaft, Heidelberg 2005.

Jeffers, Susan: *Selbstvertrauen gewinnen. Die Angst vor der Angst verlieren.* Kösel Verlag, München 2003.

Covey, Stephen R.: *Die sieben Wege zur Effektivität.* Heyne Verlag, München 2000.

Kratz, Hans-Jürgen: *Erfolgreich als neuer Chef,* Walhalla, 2003

Stichwortverzeichnis